老化对燕麦种子的影响

Research on the Effects of Aging on Oat Seeds

◎孔令琪 叶文兴 著

中国农业科学技术出版社

图书在版编目（CIP）数据

老化对燕麦种子的影响／孔令琪，叶文兴著．—北京：中国农业科学技术出版社，2021.3

ISBN 978-7-5116-5179-2

Ⅰ.①老… Ⅱ.①孔…②叶… Ⅲ.①燕麦-种子活力-研究 Ⅳ.①S512.601

中国版本图书馆 CIP 数据核字（2021）第 026142 号

责任编辑 陶 莲
责任校对 马广洋
责任印制 姜义伟 王思文

出 版 者 中国农业科学技术出版社
北京市中关村南大街 12 号 邮编：100081
电 话 (010)82106625(编辑室) (010)82109702(发行部)
(010)82109709(读者服务部)
传 真 (010)82106625
网 址 http://www.castp.cn
经 销 者 各地新华书店
印 刷 者 北京建宏印刷有限公司
开 本 710mm×1 000mm 1/16
印 张 10
字 数 162 千字
版 次 2021 年 3 月第 1 版 2021 年 3 月第 1 次印刷
定 价 88.00 元

前　言

种子老化及劣变会导致种子活力、贮藏能力及田间建植能力等下降，造成巨大的经济损失。而燕麦种子脂肪含量高会更容易发生劣变，限制了燕麦在食物及种子方面的广泛应用。因此，研究燕麦种子的老化及劣变对其种子资源的保存与利用具有重要意义。

本书中介绍的关于老化对燕麦种子的影响研究，主要内容是通过对燕麦种子不同含水量和不同贮藏条件下的生理生化变化的研究，深入了解劣变过程中活性氧（reactive oxygen species，ROS）清除系统的动态变化。同时对不同生活力种子经氧化胁迫后，主要抗氧化酶以及抗氧化物质基因的表达动态进行深入了解，试图分析抗氧化酶基因以及抗氧化物质基因的表达水平与 ROS 清除系统的分子生物学机制，为以后燕麦种子贮藏提供参考。

全书共八章。第一章介绍了种子老化及劣变的研究意义、研究概况及影响因素等。第二章概述了 ROS 的种类及产生、ROS 清除以及 ROS 对种子老化的修复研究。第三章概述了种子蛋白质组学概念、研究技术及研究进展等。第四章介绍了燕麦及燕麦种子老化的研究。第五章阐述了不同老化处理对燕麦种子生理的影响。第六章阐述了不同老化处理对燕麦蛋白质的影响。第七章阐释了不同老化处理对燕麦种子抗氧化基因表达差异分析。第八章对上述研究进行总结，阐述了老化对燕麦种子的影响。

本书所涉及的研究工作和撰写内容参阅了大量文献资料，选用了一些图表和结论，在此向相关作者致以诚挚的感谢，对指导和帮助著者完成该研究的老师、同学表示衷心的谢意。

鉴于本书的撰写时间较仓促，著者研究和撰写水平有限，书中难免存在疏漏不足和欠妥之处，望各位读者予以批评指正，提出宝贵意见。

著　者

2020 年 10 月

科研团队及资助项目

1. 中国农业科学院科技创新工程重要草种质资源深度挖掘与创新利用研究重大任务团队

2. 中央级公益性科研院所基本科研业务费专项（1610332020009）

目　　录

第一章　种子老化概述

第一节　种子老化的研究意义

种子是植物个体发育的一个特定阶段及遗传信息的传递与保存者，是人类食物及动物饲料的重要来源，对农业生产而言，是一种重要的生产资料，最初被播种于亚洲、中东以及美洲南部、中部的土壤肥沃区，经过多年选择达到了改善农田的目的（Specht et al.，1997）。种子是植物延存的器官，新植物体由它开始，是新老世代交替、物种延续的结果。种子随着发育和成熟储存了大量淀粉、蛋白质以及油类物质，是逆境下存活和繁衍的适应性策略，它较植物体其他任何一个时期更能抵抗不良环境，是植物演化的最高阶段。种子在母株上形成发育直到成熟脱离，经过收获贮藏，在此期间时刻遭受外界环境的影响，其生理成熟时，活力达到最高点，之后随着衰老而走向死亡，种子活力降低，这种不停的衰老过程就是老化和劣变（傅家瑞，1985；Draganić 和 Lekić，2012）。种子老化是降低种子生存能力，导致种子丧失活力及萌发力的不可逆变化，是随种子贮藏时间延长而发生、发展、自然且不可避免的过程。种子劣变是种子生理机能恶化，包括细胞结构受损和化学成分变化等，随贮藏时间延长，受损越严重，该过程会持续到种子活力完全丧失或被使用（毛培胜，2011）。有老化就有劣变，但劣变不一定是由老化而引起的。

种子劣变会导致种子活力、贮藏能力及田间建植能力等下降，造成巨大的经济损失。据统计，美国每年生产的种子中有 25%发生质量问题，造成每年收益减少5%，约10亿美元的经济损失。世界范围种子劣变造成的经济损失更加巨大（McDonald，1999）。随着对种子质量要求的提高，种子劣变作为一个世界性问题引起人们的注意。

人口激增、环境恶化等问题使得种质资源不可逆转的流失，植物的遗传多样性遭到破坏甚至灭绝，种质资源的保护成为全球关注的焦点。以种子贮藏保存遗传资源是最普遍的方法，通过控制贮藏条件可以延缓种子的劣变速度，提高贮藏寿命。种子劣变导致发芽率降低是种质资源在中、长期库保存中面临的重要问题。曾三省（1990）曾报道，某些种质在低温库贮藏15年以下，其发芽率就下降到10%或更低。大量研究表明，种子含水量对贮藏期间种子劣变速度存在显著影响。正常型种子降低含水量可以延缓其劣变速度，保持活力。种子含水量较高时，其呼吸强度激增，酶得以活化，各种生理过程尤其是物质分解过程加速进行，种子很难再安全贮藏。

随着我国社会经济的发展，对生态环境和草地畜牧业生产水平的要求不断提高，每年需要约20万吨种子进行生态环境治理及人工草地建设，国内牧草种子生产技术水平落后，种子不仅产量低难以满足国内市场需求，而且质量差，其质量合格率仅为50%。牧草种子劣变涉及牧草种子生产管理措施及加工贮藏等多方面内容，因此，研究种子劣变过程和探讨种子劣变机理，是使种子长期保持较高活力的基础，减少劣变导致种子质量下降带来的经济损失，对农业生产及保持物种多样性具有重要的意义，是种子生理生化以及分子生物学研究的重点。

第二节　种子老化及劣变的研究概况

1950年国际种子检验会议提出了种子活力（seed vigor）的概念，决定种子或种子批在萌发及出苗期间的活性水平和行为的那些种子特征的综合表现（Perry，1981）。1980年官方种子分析家协会对种子活力做出定义，强调种子生长优势及对逆境抵抗力的潜在能力（Kruse，1999）。国际种子检验规程于2004年阐述了种子活力的相关表现能力，如种子发芽率，逆境及贮藏后种子发芽能力的保持（高荣岐和张春庆，2009）。种子活力是种子生命过程中十分重要的特征，是检验种子质量的重要指标，它与种子贮藏寿命和劣变生理过程存在紧密联系。种子活力越低，劣变程度越高，其贮藏寿命越短。

一、种子老化及劣变

种子活力是衡量种子质量的指标之一。20 世纪 50 年代开始，不断进行种子活力测定方法研究并进行分类。1957 年种子活力测定方法被分为直接测定法和间接测定法。直接测定法是在试验室可控逆境条件下测定种子发芽能力，如低温试验等。间接测定法则是在试验室通过测定与田间出苗率相关的种子特性进而测定种子活力。1973 年种子活力测定方法被分为生理及生化测定法。生理测定是指通过测定种子发芽相关特性进而测定种子活力，生化测定则是通过生化反应来进行测定，如酶活性等的测定。种子活力测定方法分为生化、生理、组织化学、物理及形态解剖法（陶嘉龄和郑光华，1991）。国际种子检验协会于 1995 年列出 9 种测定方法，如抗冷、低温发芽、希尔特纳、复合逆境活力、电导率、控制劣变及加速老化方法（颜启传，1996）。到目前为止，已有过百种的种子活力测定方法。近年来，多采用人工加速模拟老化过程来测定种子活力的变化，其中控制劣变（controlled deterioration test，CDT）已成为测定种子活力的主要方法之一，适用于多种植物（Clerke et al.，2004）。由于种子对控制劣变的响应程度不同，该方法可用于快速评估及预测种子活力和寿命（Job et al.，2005；Prieto-Dapena et al.，2006）。另外，人工加速老化在高温高湿条件下是最为常用的种子活力测定方法（姜文，2006；Cruz-Garcia et al.，1995）。经过人工加速老化后仍保持较高正常幼苗比例的种子批，其活力强，耐藏性好，田间成苗率高。

在种子老化过程中，种子活力是渐进且有次序的丧失，如图 1-1 所示。种子的形态结构及生理生化等方面发生一系列劣变，并累积造成种子生命力的丧失，所以，种子生命力丧失是种子劣变加深和累积的结果（宋松泉等，2008）。

二、自然老化与控制劣变的区别

种子老化分为自然老化和人工加速老化（李稳香和颜启传，1997）。自然老化是种子成熟后在自然条件下活力逐渐丧失的过程，是种子贮藏过程中普遍存在

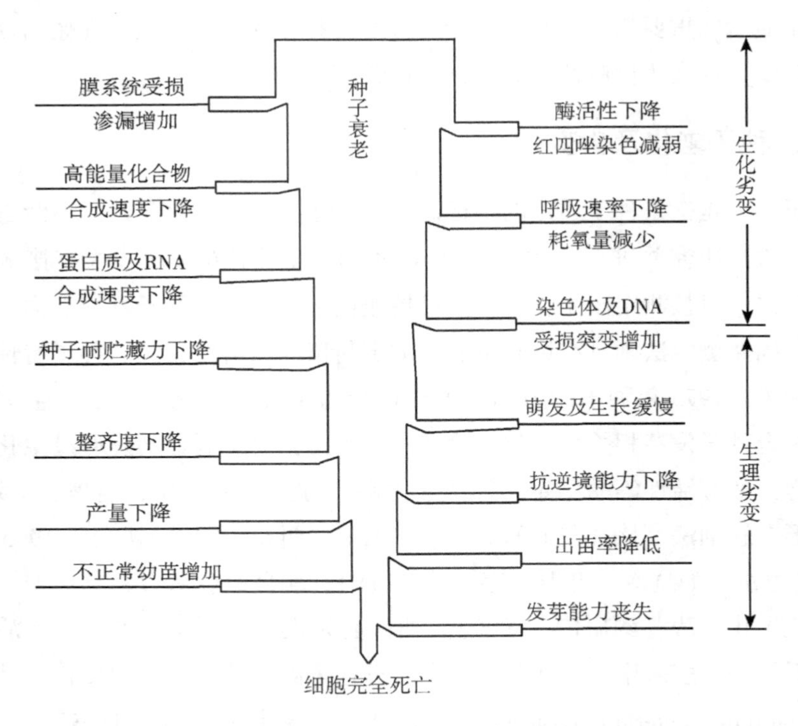

图 1-1　种子老化的生理生化变化顺序图，主轴由上而下表示种子活力由强到弱（引自陶嘉龄和郑光华，1991）

Fig. 1-1　Ordinal schema of physiological and biochemical changes in seed deterioration, mean axis indicates decrease in seed vigor from top to bottom（From Tao and Zheng, 1991）

的现象。人工加速老化则是在人为条件下，对种子进行加速老化处理，种子活力迅速丧失的过程（曾大力等，2002）。加速老化可以在很短时间内研究种子劣变的生理生化过程，控制劣变处理导致种子活力快速下降，影响种子发芽势以及发芽率（Rajjou et al.，2008）。可见，人工加速老化技术是研究种子劣变规律的有效途径。Baskin 首次报道控制劣变可以预测种子在室温条件下的耐贮藏性（董鸿运等，1987）。Tesnier 等（2002）通过 7d 控制劣变后的发芽试验来研究拟南芥种子的活力。自然老化与控制劣变的机理并无差异，控制劣变可以模拟种子的自然老化过程。玉米在45℃高湿条件下，种子活力呈反“S”形曲线，即：生活力在初期下降较慢，随后快速下降，最后下降较为缓慢。同时，随着老化时间的延长，种子电导率增加，与发芽率、活力指数等呈负相关（Bewley et al., 1994）。

第三节　种子老化的影响因素

种子老化受多种因素影响，其中主要为遗传因素和环境因素两个方面。遗传因素决定了种子活力强度，环境因素则包括种子发育、收获、加工及贮藏的环境条件（Al-Ani et al., 1985）。发育程度决定种子活力程度，贮藏条件决定种子活力下降速度（方玉梅和宋明，2006）。

一、遗传因素

种子活力由种子遗传特性所决定，不同植物种子的寿命有较大的不等性和非均质性（Walters et al., 2004 和 2005）。研究表明，种子的活力具有很高的遗传性，相同条件下，低活力遗传性的种子比高活力遗传性的种子劣变速度快；相同条件下，不同品种或种间的劣变速率不同，这是由种子的遗传特征所决定（Ching et al., 1968）。杨树和柳树种子在离开母体植株后，仅能保持1周活力，而莲子则具有上千年的寿命（宋松泉等，2008）。埋藏 10 000 年的羽扇豆种子仍然有很强的发芽力。研究者对巴黎自然博物馆中贮藏的500种植物种子进行测定，发现寿命超过50年的有13种，其中11种是豆科种子。然而，野生水稻在自然条件下贮藏，活力急速丧失；梭梭种子成熟后如果没有发芽条件，数小时即会丧失活力。水稻、拟南芥种子寿命由几个位于不同染色体上的数量性状位点所决定（Miura et al., 2002）。热休克蛋白过量表达的转基因拟南芥种子抗老化的能力增强（Prieto-Dapena et al., 2006），不同基因型小麦种子杂种一代种子活力强度取决于亲本的遗传性（Lafond et al., 1986）。另外，拟南芥种子寿命降低可能是由于缺少休眠，而 *DOG1* 基因专一控制拟南芥种子的休眠（Bentsink, 2006）。种子的劣变情况可以由基因型通过决定种子的大小、形态、结构和化学成分等特征来影响。因此，通过人为选择育种，可以提高种子活力，改善种子抵御劣变的能力。

二、环境因素

种子发育过程中的环境因素及收获、清选、包装、运输、贮藏等过程的环境因素，种子本身的含水量等都会影响种子的劣变速度。

1. 湿度

影响种子劣变速度的水分因素，包括种子本身的含水量和环境的相对湿度两方面，前者是直接影响，后者是间接影响。种子的含水量与种子的活力密切相关，适度降低种子水分，可以保持种子活力及细胞形态的完整（Halmer et al., 1984）。种子含水量越高，呼吸作用越强，生活力丧失速度越快；当种子含水量升高并出现游离水时，酶活性增强，更易引起种子生活力的丧失（赵国余，1989）。当种子含水量在5%~14%时，种子的水分每增加1%，寿命降低一半。种子贮藏过程中，随着湿度增高，红麻种子的含水量将随之提高，种子劣变将随之加速（陈润政等，1989）。Parkhey 等（2012）研究表明，贮藏期间种子含水量大，活力下降快。但是种子含水量并非越低越好，当种子含水量低于4%~5%时，劣变往往较含水量为5%~6%的种子快。由于含水量低时，细胞内的酶处于钝化状态，一旦产生自由基就会促使种子趋于死亡（Priestley et al., 1983；朱诚等，2001）。不同种子在安全贮藏时对含水量的要求不同，有学者指出，水稻种子在低温低湿条件下可长期贮藏，当含水量过低时，发芽率便会迅速下降，电解质外渗量多，破坏膜的完整性。在种子的长期贮藏过程中，与15%的空气湿度达到的平衡含水量是维持种子活力的最适含水量，而禾谷类作物和牧草种子所需的最适空气湿度为6%~7%（毛培胜，2011）。种子在贮藏过程中，对种子劣变速度起主要作用的是水分和温度，在小麦、大麦、葱类等作物中均有报道（汪晓峰和丛滋金，1997）。

2. 温度

温度同样是影响种子新陈代谢的因素。高温时，种子在贮藏过程中呼吸作用强，物质代谢快，大量消耗能量，尤其当种子含水量高时，呼吸作用更加强烈，加速了种子劣变的速度。研究表明，在0~50℃范围内，贮藏种子的环境温度每上升 5℃，种子寿命就会缩短一半（郑光华，1984）。低温虽对种子贮藏是一个有利的因素，但是低温伴随游离水出现时，种子易受冻而死亡。有研究表明，充分干燥的种子在低温环境下贮藏不会受冻害。传统经验认为，低温较低含水量安全有效，而近年的研究结果表明，干燥贮藏较低温贮藏效果更好。同时，种子最适含水量受温度的影响，随着温度的上升而下降（Vertucci et al.，1993 和 1994）。

3. 空气

空气对贮藏过程中种子的衰老也有影响。凡是能降低种子呼吸作用的因素，均能抑制种子老化，从而延长种子寿命。研究表明，O_2 的存在能够加快种子的呼吸作用以及物质的氧化分解，从而促进了种子的劣变，加快种子的死亡速度，不利于种子的安全贮藏。然而，N_2 和 CO_2 能够有效延缓低含水量种子的劣变进程。含水量越低的种子，由于呼吸作用微弱，对 O_2 消耗慢，在密封状况下贮藏也可以使种子老化速度减慢，但是当在高含水量密封条件下进行贮藏时，由于呼吸作用强，O_2 被很快耗尽，引起大量氧化不完全物质的积累，对胚产生毒害作用，导致种子死亡。

4. 微生物

由于种子本身携带微生物，其活动会促进种子的呼吸作用并且积累有毒有害物质，加速劣变进程。尤其在种子本身含水量或贮藏环境湿度较高的条件下，真菌和细菌活动分泌大量毒素，导致种子呼吸作用加强，加速分解代谢过程，从而降低生活力。这种现象的发生不仅是由于微生物具有呼吸作用，还因为被感染的种胚组织相比健全的种胚组织的呼吸强度更大。仓库内害虫也会影响种子堆的呼吸作用，这不仅由于其自身的呼吸作用，同时破坏了种胚完整性。由于微生物和仓库害虫生命活动产生的热能和水分，都是导致种子呼吸作用及发热增强的重要因素，因而会直接影响种子的劣变速度。

第四节　种子劣变机理研究进展

由于种子劣变的过程比较复杂、影响其速度的因素比较多、研究的手段和方法不完善等多种原因，给揭示种子劣变的本质带来了困难。国内外学者通过种子老化及劣变机理的研究（Priesley，1986；毕辛华和戴心维，1993），对种子劣变起因提出了多种假设，主要包括：营养物质损耗的假说，该假说认为，种子在贮藏的过程中进行呼吸活动，在酶系统催化下，胚部的呼吸基质丧失，引起了种子劣变；激素变化的假说认为，种子劣变、种子活力降低与萌发抑制物质（如ABA）的产生及促进物质（如 GA、CK）的缺乏有关；有毒物质积累的假说认为，在种子贮藏的过程中，胚细胞受代谢积累的中间产物（醇类、醛类、酮类、酸类等）毒害作用，最终导致生活力的丧失；生物大分子变性的假说、自由基假说以及功能结构如膜、线粒体解体的假说（毛培胜，2011）。在生产实践中，引起种子劣变的往往是各种因素的综合作用。

目前，自由基学说被广泛接受。自由基学说最早在 20 世纪 50 年代被提出，之后被多次证实并加以完善，逐渐发展成为脂质过氧化学说和衰老的线粒体学说，这是目前种子老化或劣变方面研究最多的内容。Koostra 和 Harrington（1969）最早提出种子劣变的主要原因是膜的氧化。Priestley（1986）认为，种子在贮藏过程中，脂质过氧化作用通过大气自动氧化或脂氧合酶的催化作用发生。McDonald（1999）总结了种子劣变的研究结果，认为种子老化是由于种子内部自动氧化，或由于氧化酶的催化作用而产生的自由基攻击脂类物质，造成脂类物质过氧化的结果。这一劣变过程最早发生于胚根根尖部分。种子在发育形成过程中就不断地进行有氧代谢，并产生各种有害的 ROS 自由基，种子采收后，ROS 含量会随着贮藏时间的延长而不断的积累，过量积累的 ROS 会攻击膜上的不饱和脂肪酸，诱导脂质过氧化作用，从而抑制机体内 ROS 清除剂的形成与活性，造成种子内 ROS 积累与清除之间的失衡，使机体清除 ROS 的能力下降，致使膜脂过氧化程度加剧，脂质过氧化（lipid peroxidation，LPO）作用增强，最终导致贮藏等条件下种子的老化或劣变，表现为丙二醛（malondialdehyde，MDA）含量显著升高，甚至造成种子内部酶蛋白失活、DNA 损伤，诱导细胞程序性死亡（programmed cell death，PCD）等，这是造成贮藏期间种子活力丧失的原因之一（Bellani et al.，2012）。此研究结果在大豆（*Glycine max* L.）（Sung 和 Jeng，1994）、向日葵（*Helianthus annuus* L.）（El-Maarouf-Bouteau et al.，2011）、羊草（*Leymus chinensis* T.）（毛培胜等，2008）、菊苣（*Cichoriun intybus* L.）（姜义宝等，2009）、结缕草（*Zoysia japonica* S.）（Mao et al.，2009）、老芒麦（*Elymus sibiricus* L.）（朱萍等，2011）、榆树（*Ulmus pumila* L.）（Hu et al.，2012）、圣栎（*Quercus ilex* L.）（Pasquini et al.，2012）及麻疯树（*Jatropha curcas* L.）（Nithiyanantham et al.，2013）等大量植物种子的老化或劣变研究中得到证实。

一、细胞膜变化与渗出物

细胞膜系统损伤是种子劣变在细胞学上的表现。细胞膜系统不仅调节细胞物质交流和运输，同时还可以影响代谢途径中的酶活性，在细胞代谢活动中起重要作用，有些酶如苹果酸脱氢酶本身就存在于膜上。所以，细胞膜系统损伤可以引起种子衰老和活力丧失。程红焱（2004）研究表明，种子在劣变后，首先发生变化的是胚的根尖分生组织。一般情况下，具有发芽能力轻度老化的种子胚呈现出细胞核的局部泡状隆起，线粒体变形，高尔基体数量减少，多核糖体的合成变慢。Priestley（1986）的研究表明，在严重劣变的情况下，膜结构肿胀无序，质体内淀粉粒分裂甚至消失。一些学者对老化后的种子进行胚根尖细胞的超显微结构观察时，发现细胞核膜界限不清，细胞出现胞饮、细胞核解体、线粒体变形等现象。这些现象在油菜、花生、大豆和小麦中也可见到。常书娟（2006）对劣变羊草种子进行透射电镜观测时发现，老化后的种子线粒体表现最敏感，膨胀、变形、膜破裂直至解体。之后质膜开始出现质壁分离及破损现象。随着劣变的加深，细胞核也出现破损现象，核质与细胞质混合。廉佳杰（2009）对燕麦进行控制劣变后发现，线粒体对劣变表现敏感，随着含水量的增加，质膜出现质壁分离，细胞器解体，最终导致死亡。细胞膜结构发生变化与磷脂双分子层有关。水合细胞中，膜两侧的水相压保持膜结构的完整性；当种子含水量低于10%时，磷脂重排成为六角形结构，膜丧失半透性，内含物大量外渗。花生、水稻种子研究结果都说明种子衰老过程中，膜受到了损伤，膜透性增加（Amable et al.，1986）。在膜透性测定时，采用最多的指标为电导率值。郑光华等（1991）研究发现，种子在发生劣变的过程中，会有不同程度的物质泄漏，高活力种子在吸水时泄漏物质少或者没有，而无活力种子很严重。但是王彦荣和余玲（2002）对禾本科种子研究表明，老化程度与电导率之间相关性不显著。

二、酶活性变化

酶是具有生物活性的一种特殊蛋白质，种子的衰老首先表现在酶蛋白变性上，其结果是酶活性丧失和代谢失调。酶活性的测定是评价种子劣变和预测种子萌发力的早期生化技术（Anderson et al.，1973）。种子老化时，酶的活性也发生变化（陶嘉龄和郑光华，1991）。研究最深入、最广泛的是氧化还原酶，例如过氧化氢酶（CAT）、超氧化物歧化酶（SOD）、过氧化物酶（POD）等以及水解酶（如淀粉酶、蛋白酶和酯酶），也有关于合成酶（如 DNA 连接酶）的报道（Moller et al.，2007）。绝大多数研究者认为，老化种子的水解酶和氧化还原酶的活性降低（Das et al.，1992）。在花生种子劣变的过程中，SOD、CAT、POD 活性下降（Jeng et al.，1994）。上述 3 种酶是细胞内自由基清除剂，可以调节自由基的含量，减少其对膜系统的攻击，降低脂质过氧化作用，使种子劣变速度变缓，所以这些酶的活性与种子劣变程度有密切关系（Bailly et al.，1996）。刘明久等（2008）对玉米种子进行人工加速老化，结果表明随着老化时间的延长，POD 活性呈下降趋势。王玉红（2008）对高羊茅种子进行老化研究，结果表明 CAT 活性呈现降低升高降低的趋势。一些学者在对老化水稻、小麦、油菜种子研究过程中发现，SOD、POD、酸性磷酸酯酶等活性降低（杨剑平和唐玉林，1995；王煜和钱秀珍，1994）。在代谢中，脱氢酶起主要作用，同时它会受到老化的影响，与其存在相关性。许多研究表明，随着种子的老化，脱氢酶的活性下降（Basavarajappa et al.，1991）。胡晋和龚利强（2008）对西瓜种子低温保存的研究结果显示，劣变程度高的种子，脱氢酶活性较低。除此之外，劣变种子中也存在着淀粉酶、磷酸酯酶等酶的活性降低及核糖核酸酶、谷胱甘肽酶等酶活性增强的变化。

三、呼吸作用和合成能力的变化

呼吸作用是种子内活组织在酶和氧的参与下将贮藏物质进行一系列的氧化还

原反应，最后放出 CO_2 和水，同时释放能量的过程。在种子劣变过程中，呼吸作用减弱，细胞的线粒体数目减少，ATP 降低（王彦荣等，2001）。大量试验表明，种子耗氧量与生活力成正比。种子耗氧量极微，表示呼吸停滞，劣变严重。有研究者指出种子老化时一部分呼吸酶活性降低，这引起种子吸水时呼吸速率上升缓慢，呼吸强度下降。种子老化时耗氧量减少，线粒体超微结构和膜完整性受损，膜上结合的呼吸链功能受损。以大豆和豌豆为材料研究发现，线粒体膜的降解使 ATP 的含量降低。$O_2 \cdot^-$ 引起脂质过氧化作用，破坏线粒体膜结构完整性，同时攻击线粒体的 DNA，使呼吸作用降低，从而使种子发芽率下降。

种子萌发时利用贮藏物质合成新的大分子化合物，主要为蛋白质和核酸等，合成过程中需要能量供应。当种子发生老化时，合成生命大分子的能力下降。Halmer 和 Bewley（1984）研究发现，种子衰老过程中核酸和蛋白质合成能力降低。大豆种子随着活力的下降，合成 DNA、RNA 和蛋白质的能力下降。水稻种子丧失生活力时，RNA 总量与多聚（A）$^+$RNA 含量降低。浦心春等（1996）研究发现，高羊茅种子丧失生活力时，RNA 总量降低。

四、内源激素的变化

激素是种子新陈代谢的产物，同时也是生命活动的调节者，种子老化过程中，内源激素发生着剧烈的变化。种子中同时存在促进生长性激素（如 GA、IAA、CK）和抑制生长性激素（如 ABA），两类激素在种子中的相对比例是决定种子能否萌发的主要原因之一。失去活力的花生种子脱落酸的积累增多，而高活力的花生种子则赤霉素和乙烯的含量增加（李卓杰和傅家瑞，1988）。丧失促进萌发的激素是水稻种子劣变的主要原因之一。

五、贮藏物质及有毒物质的变化

在种子老化过程中，种子贮藏物质如可溶性糖、蛋白质等经历了一个动态变化的过程。可溶性糖是种子的主要呼吸底物，蛋白质为种子发芽提供氮素，它是随着老化的增加而下降的。老化过程可能发生了过氧化作用，加速了贮藏物质降解，或贮藏物质外渗量增加（崔鸿文和王飞，1992）。诸多研究报道指出，随着种子老化程度的增加，种子内可溶性糖、蛋白质含量下降（张彤和张彦，1995）。

在种子老化过程中，各种生理活动均会产生有毒物质并且逐渐积累，使正常的生理活动受到抑制，最终导致死亡。种子无氧呼吸产生的乙醇、CO_2，蛋白质分解产生的胺类物质及脂质过氧化产生的挥发性醛类化合物等均对种子有毒害作用。代谢有毒物质的积累不仅是老化的结果，同时是进一步老化的原因。

六、遗传物质的变化

种子劣变会引起代谢缺陷，而代谢缺陷的进一步积累就导致种子萌发力的下降或丧失。在种子劣变过程中，种子 DNA 的修复能力受到严重的损伤（Hu et al.，2012）。Kalapana 等（1993）研究发现，劣变过程中种子的 DNA 和 RNA 含量下降。目前染色体畸变或基因突变也已经在不同老化或劣变种子中发现。在贮藏期间，大麦、蚕豆等种子发生劣变，这些种子存活的根尖细胞在第一次有丝分裂后期出现染色体畸变现象，但是畸变的细胞会随着根的伸长而减少。

第二章　种子 ROS 系统研究

种子长期贮藏过程中受到种子组成成分、贮藏条件等因素的影响，将发生劣变，使种子活力下降，伴随一系列的生理生化变化。一般认为，自由基引起的脂质过氧化作用是导致种子劣变的根本原因（Harman et al., 1976；Sathiyamoorthy et al., 1995；Yao et al., 2012）。自由基和活性氧（reactive oxygen species, ROS）有较强的氧化作用，部分自由基在细胞内游离，引发链式自由基反应，导致膜上不饱和脂肪酸产生过氧化反应，使生物膜结构破坏，蛋白质、核酸等生物大分子含量降低进而导致种子衰老死亡。有资料表明，生物体内自由基产生与清除的平衡对维持生物体正常的生命代谢具有重要作用（韩建国和牛忠联，2000），在种子老化过程中，其平衡遭到破坏时，过剩的自由基就会引发或加剧膜脂过氧化作用，产生的丙二醛（MDA）等挥发性醛类物质，造成细胞膜系统损伤，代谢紊乱，导致种子活力迅速下降甚至死亡。大量植物种子研究已证实上述结论，例如羊草（*Leymus chinensis* T.）（毛培胜等，2008）、结缕草（*Zoysia japonica* S.）（Mao et al., 2009）、老芒麦（*Elymus sibiricus* L.）（朱萍等，2011）、榆树（*Ulmus pumila* L.）（Hu et al., 2012）及麻疯树（*Jatropha curcas* L.）（Nithiyanantham et al., 2013）等。

第一节　ROS 种类及产生

ROS 是指分子氧单电子还原后生成的某些氧代谢产物以及衍生物，包括自由基物质如超氧阴离子（$O_2 \cdot^-$）、羟自由基（·OH）等和非自由基物质如过氧化氢（H_2O_2）、单线态氧（$^1O_2$）等。ROS参与诸多种子生理过程，可在生长、发育、打破休眠、抵御生物与非生物胁迫等方面起重要作用（Mittler et al.，2004；李武，2010）。一般认为，胁迫时植物产生的ROS是一类有害的氧代谢中间产物，是引起细胞结构和功能降低的主要因素（Bailly，2004；柯德森等，2003）。

种子ROS在正常代谢过程中会由多种途径在不同细胞区室产生（Mittler，2002）。生物胁迫、非生物胁迫、激素信号、环境刺激以及细胞内的多重影响都会产生ROS。它们包括由非酶促机制在光合作用和呼吸作用时转移电子到分子氧；或者是光呼吸乙醇酸氧化酶、脂肪酸氧化酶等酶类的代谢副产物。ROS的产生与消除处于一个动态平衡状态，并且处于动态平衡状态的ROS参与机体多种生理活动的调节（图2-1）。而当ROS积累过量，打破平衡状态，细胞产生氧化应激（Victor et al.，2009），对细胞产生一系列损害。Buchvarov等曾经用电子自旋共振法测定表明，在老化的大豆种子中自由基含量增加（Buchvarov et al.，1984）。而且不同自由基对细胞损伤的能力也不同（Larson，1997）。以人工加速老化的大葱种子为试验材料，发芽率、发芽指数、活力指数与自由基含量均呈负相关，自由基含量随种子老化天数增加而增加（李颜和王倩，2007）。朱世东和黎世昌（1990）以人工老化的香椿种子为材料进行试验，研究表明随着老化处理时间的延长，香椿种子中$O_2\cdot^-$产生速率增高。

植物体内过量的ROS会启动膜脂过氧化作用，破坏脂质膜系统，引起脂肪酸降解，产生挥发性醛类化合物（Liang et al.，2003；由淑贞等，2009）。MDA是脂质过氧化的终产物之一，它表示了细胞膜脂质过氧化程度的强弱，本身对种子也有毒害作用（Priestley，1986；程红琰等，1991）。Sung和Jeng（1994）认为，测定MDA含量是定量测定花生种子脂质过氧化程度的便利方法。大量学者对老化种子进行MDA测定表明，种子经过老化后MDA含量有显著的增加（Roberts，1972；Perez et al.，1995）。朱世东和斐孝伯（1999）研究表明，辣椒、番茄、大葱、洋葱等种子在人工老化过程中，MDA含量均有不同程度的提高。但是，Kalpana等（1997）在对人工加速老化的木豆种子的研究中发现，随着人工加速老化，MDA含量下降。ROS自由基可以直接攻击生物大分子DNA诱发DNA氧化损伤，如DNA链单双键断裂、DNA蛋白交联等。ROS自由基的产生是由多

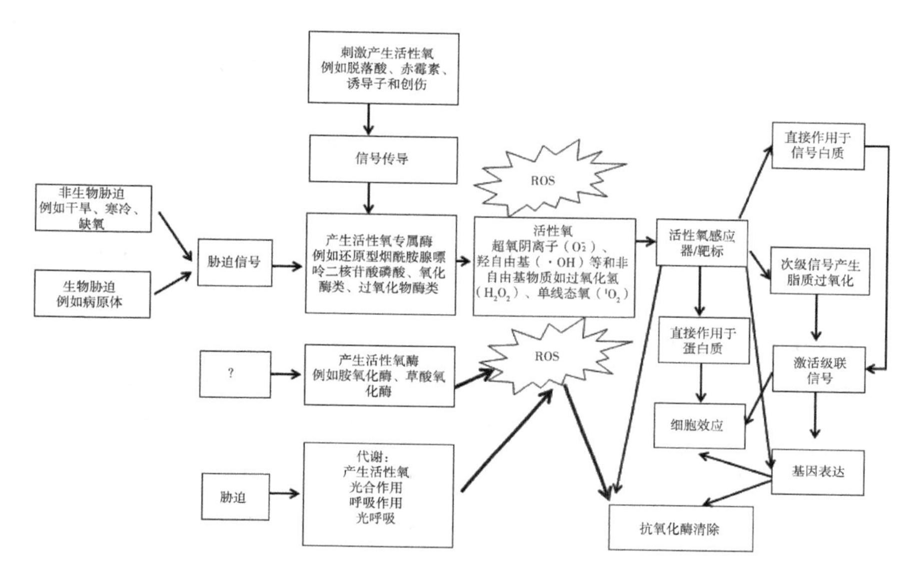

图 2-1　ROS 信号传递的核心作用（Radhika，2005）

Fig. 2-1　The central role of ROS in signaling（Radhika，2005）

种因素引起，并诱发自由基进攻 DNA，引起碱基的修饰，形成 DNA 加合物（孙咏梅和戴树桂，2001）。DNA 损伤主要是受·OH 作用（Zou et al.，1996），$O_2 \cdot^-$ 可通过 Fenton 反应用生成·OH 来损伤 DNA。

ROS 自由基具有强氧化性，通过改变蛋白质的结构或活性，导致肽链断裂，这是氧化胁迫的重要机理，是生物体最严重的氧化损失（Stadtman，2004）。研究发现，随着机体的老化，钙调蛋白的氧化致使此蛋白失去对 ATP 的下调作用，同时产生大量氧自由基，攻击蛋白质，生成聚合物（Squier，2001）。自旋标记研究探测到，低浓度抗坏血酸和 H_2O_2 可以影响 SOD 分子结构（李培峰，1995）。另外，脂质过氧化产物也会引起蛋白质的变性。MDA 是一种脂质过氧化产物，它可以与蛋白质反应生成烯胺，也可以造成蛋白质交联。生物体内的单糖可以自动氧化，生成 ROS，影响酶活力，引起酶失活或激活。

脂质过氧化的发生与种子含水量关系密切，含水量在 6%～14%，脂质过氧化作用最小，含水量低于 6%且随着含水量的减少，脂质自动氧化量增大，此时种子老化与脂质过氧化增强成比例，含水量高于14%，脂质过氧化作用同样加速进行。因此，控制ROS合成以及移除ROS是控制劣变的本质。

第二节　ROS清除

自由基是种子代谢的产物，随着代谢过程不断地产生，同时种子自身存在保护系统对自由基的氧化进行防护。为减缓ROS所造成的伤害，植物细胞主要通过两种途径来清除体内多余的ROS，将 $O_2\cdot^-$ 转化成 H_2O_2 进而被CAT分解，即酶促清除系统和非酶促清除系统（刘义玲等，2010）。这些途径的功能主要表现在阻止ROS的产生、有效清除已产生的ROS及修复ROS引起的损伤（图2-2）。

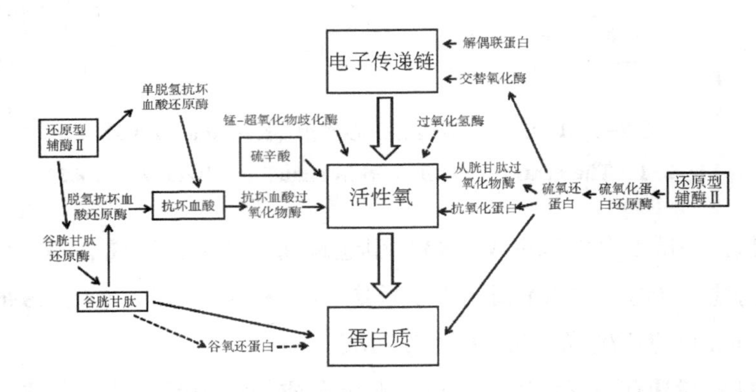

图2-2　植物线粒体抗氧化防御机制（Navrot et al.，2007）

Fig. 2-2　The mitochondrial antioxidant defense mechanism in plant（Navrot et al.，2007）

一、交替氧化酶（AOX）和解偶联蛋白

植物细胞中存在特有的交替氧化途径，包括AOX和NADPH脱氢酶，其中前者可以直接接受泛醌库的电子，无须通过复合物Ⅲ和Ⅳ及细胞色素C氧化酶（cytochrome c oxidase，COX）（Anna et al.，2004；Rachel et al.，2006）。当过度胁迫时，电子饱和或细胞色素C途径被堵塞，AOX能够分流细胞色素c途径的电子，阻止泛醌库被过度还原从而减少ROS产生（Hoefnagel et al.，1995）。解偶

联蛋白（UCP）属线粒体阴离子运转家族的膜整合载体蛋白（Haferkamp，2007），可通过促进质子的跨线粒体内膜解偶联来减少 ROS 产生（Casolo et al.，2005；徐飞等，2009）。

二、SOD、CAT 和抗坏血酸过氧化物酶（ascorbate peroxidase，APX）

SOD 是抗氧化酶促清除系统抵御氧化逆境自由基形成的第一道防线，也是关键酶，它可以清除植物体内多余的 $O_2\cdot^-$（张海波，2011）。正常生理代谢下，$O_2\cdot^-$含量增加可诱导 SOD 活性上升，随着胁迫加重，SOD 活性反而受 H_2O_2 的抑制（允中和梁荣，2002）（图 2-3）。根据 SOD 辅基上结合的金属离子不同，将 SOD 分为 Mn-SOD、Fe-SOD 和 Cu/Zn-SOD 3 种类型，因为 $O_2\cdot^-$产生的部位不同，所以不同的同工酶在细胞内的分布部位也存在差异，其中 Mn-SOD 主要存在于真核细胞的线粒体基质和过氧化物酶体中，Fe-SOD 存在于某些植物的叶绿体中，Cu/Zn-SOD 同工酶则存在于细胞质基质及高等植物的叶绿体中。

CAT 是一种四聚体的亚铁血红素酶，具有较强的催化能力，对植物氧化和抗氧化的平衡起着关键作用，它可以专一清除 H_2O_2（赵丽英等，1995），而 H_2O_2 以及 $O_2\cdot^-$可以与 CAT 反应生成复合物，抑制 CAT 活力（张巍巍等，2009）。有研究表明，一分子 CAT 每分钟能催化 H_2O_2 反应高达 600 万个分子，是所有抗氧化酶中效率最高的（Sarvajeet 和 Narendra，2010）。

APX 主要清除 H_2O_2，使细胞免受氧化胁迫（王国成和曹娴，2007），它较 CAT 亲和力高，但是它需要还原底物（杜秀敏等，2001）（图 2-3）。Contreras 和 Barros（2005）研究表明，劣变种子的 SOD 活性增加。但是，Jeng 和 Sung（1994）发现花生种子中 SOD、CAT 活性下降。朱世东等对老化的辣椒、番茄、茄子、大葱、洋葱、黄瓜等种子研究发现，CAT、APX 的活性与种子老化程度呈负相关。刘月辉等（2003）报道，随着老化时间的延长，辣椒种子的 CAT 活性明显降低，并且在老化后期下降较快。唐祖君和宋明（1999）报道，大白菜同一品种的种子，随着老化天数的延长种子中 POD 的活性降低。王玉红（2008）以高羊茅种子为研究材料，研究表明 CAT 随着老化时间的延长，呈现降低升高又降低的趋势。

三、抗坏血酸-谷胱甘肽循环（AsA-GSH cycle）

APX 参与的 AsA-GSH 循环是植物种子细胞内另一条重要的 H_2O_2 清除途径，包括 APX、单脱氢抗坏血酸还原酶（monodehydroascorbate reductase，MDHAR）、脱氢抗坏血酸还原酶（dehydroascorbate reductase，DHAR）和谷胱甘肽还原酶（glutathione reductase，GR）4 种酶，以及 AsA/DHA、GSH/GSSG 和 NADPH/NADP 3 对独立的氧化还原对（孙海平和汪晓峰，2009）。AsA-GSH 循环代谢过程为：APX 以 AsA 作为电子供体催化 H_2O_2 被还原成 H_2O，同时 AsA 被氧化生成 MDHA；一部分 MDHA 在 MDHAR 催化下以 NADPH 为电子供体被还原成 AsA，另一部分继续发生非酶歧化反应生成 DHA；进而 DHA 在 DHAR 催化下被还原成 AsA，完成 H_2O_2 的清除；在 DHA 被还原成 AsA 的过程中，2 分子 GSH 作为电子供体被氧化成 GSSG；而 GR 作为还原酶可利用 NADPH 的还原力将 GSSG 还原为 GSH 以维持 GSH 库的还原能力，从而保证 AsA 的还原水平和代谢的正常进行，可见 APX 和 GR 是 AsA-GSH 循环顺利进行的关键酶（Meyer，2007）。

AsA 是植物光合组织中主要抗氧化剂，它是 APX 的底物，同时也可以直接清除 ROS 或者还原 $O_2\cdot^-$，歧化 H_2O_2，防止膜脂过氧化，保护膜完整性（Pignocchi et al.，2003）。研究表明，抗旱性强的品种含有大量 AsA 等抗氧化物质，可以清除 ROS 自由基的增加，降低胁迫对膜的损伤（王贺正等，2007）。AsA 可以清除体内的 ROS，在这个过程中 AsA 能迅速与 $O_2\cdot^-$起反应，再通过 APX 清除 H_2O_2（王娟和李德全，2001）。另外，AsA 还可以直接猝灭各种 ROS。

四、脯氨酸

研究发现，脯氨酸不仅是一种渗透调节物质，还是一种非常有效的抗氧化剂，它可以清除 $O_2\cdot^-$等 ROS，通过与酶促以及非酶促清除系统共同作用，调控植物细胞中 ROS 的平衡（Ashraf et al.，2007）。脯氨酸亲水性极强，能稳定组织内的代谢过程（Irina et al.，2012）。

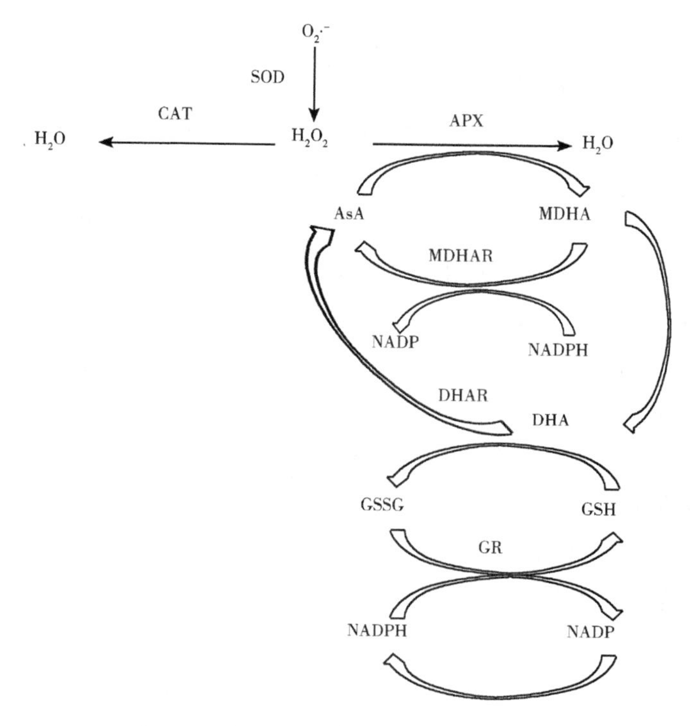

图 2-3　植物 ROS 清除系统（Ron，2005）

Fig. 2-3　Antioxidant system in plant cell（Ron，2005）

第三节　ROS 对种子老化的修复研究

一、外源 AsA 对种子劣变的研究进展

AsA 又叫维生素 C，是生命体内普遍存在的最重要的小分子活性物质之一，也是体内许多物质代谢和氧化还原反应的重要参与者之一（Habib-ur-Rehman et al.，2008）。AsA 能够有效清除植物在各代谢过程中产生的 ROS，并缓解或抑制由 ROS 攻击导致的脂质过氧化作用对细胞造成的伤害（沈文飚等，1997）。AsA 在植物种子抵抗氧化胁迫、提高种子活力、促进细胞分裂和伸长中发挥着重要作

用（Pukacka 和 Ratajczak，2005）。通过研究大豆（Sanjeev et al.，2006）、棉花（*Gossypium hirsutum* L.）（Goel et al.，2003）、银杏（*Ginkgo biloba* L.）（Tommasi et al.，2006）、洋甘菊（*Matricaria recutita* L.）（Tilebeni 和 Sadeghi，2011）、茄子（*Solanum melongena* L.）（Sadhu et al.，2011）和榆树（Hu et al.，2012）等植物种子的老化发现，AsA 有效抑制了 ROS 的生成，降低了 H_2O_2 含量，显著增强了种子内 CAT、APX、GR、SOD 及过氧化物酶（peroxidase，POD）等酶的活性，并与其相互作用共同抑制了种子脂质过氧化作用的进行，这表现为浸出液中电解质外渗量及 MDA 含量减少。同时，AsA 促进了细胞色素 C 的生成，激活了细胞凋亡蛋白酶-3 的活性，延缓了细胞的程序性凋亡，并认为 AsA 能促进老化或劣变种子的萌发及其幼苗生长，表现为老化或劣变种子的活力指数、发芽率、发芽势、芽长、植株干物质积累量及叶绿素含量等多项生理指标得到提高。

因此，用外源 AsA 处理也会提高老化种子的活力水平。李珍珍和韩阳（2000）研究发现，适宜浓度的 AsA 浸泡老化小麦种子后，种子发芽率、发芽力明显增加，幼苗电解质渗漏降低，MDA 含量明显减少，其中 500 mg/L AsA 处理效果最为显著。Alivand 等（2013）研究不同温度（5℃、15℃、25℃、35℃和 45℃）下贮藏 90 d 的欧洲油菜（*Brassica napus* L.）种子（含水量分别为 5%、9%、13%和 17%）的发现，用 100 mg/kg 的 AsA 引发会显著提高其发芽率，并使其正常种苗的百分比从 29%提高到 48%。Ye 等（2012）研究发现，ABA 可以多维度地调控水稻种子的萌发，而且 ROS 和 AsA 参与了其抑制 GA 合成的反应。而 Ye 和 Zhang（2012）研究发现，外源 AsA 能够调解水稻种子萌发过程中 ABA 和 GA 之间的拮抗作用，并清除其萌发过程产生的 ROS，从而提高了水稻种子的发芽率。

AsA 对老化种子的修复效果与其处理方式有关，Brilhante 等（2013）研究人工加速老化（在 45℃ 和 99% 相对湿度的黑暗条件下 72 h）前后 AsA 处理的豇豆（*Vigna unguiculata* L.）种子发现，老化后用 AsA 处理能减轻其电解渗透率和脂质过氧化程度，并提高其发芽率，而老化前用 AsA 处理则不能。然而，Chhetri 等（1993）研究 98.2%的相对湿度下贮藏 2 周的菜豆（*Phaseolus vulgaris* L.）、豌豆、小扁豆（*Lens culinaris* L.）和黍（*Panicum miliaceum* L.）种子发现，老化前用 AsA 引发 10 h 能有效缓解老化产生毒害，显著提高其发芽率，并促进其幼苗生长和新陈代谢。Draganic 等（2012）研究发现，老化前用低浓度 AsA 引发向日葵种子能够显著提高其维生素 E 的含量，而高浓度 AsA 引发则会降低其维生素 E 含量。这说明 AsA 的作用效果还与其浓度和处理时间有关。Sadhu 等（2011）研究发现，AsA 稀溶液（浓度为 10^{-3} mol/L）浸泡会有效提高自然老化茄子种子的活力水平，而且浸泡 1 h 和 2 h 时对老化修复的效果要明显高于浸泡 4 h 时。Kumari 等（2004）研究不同施用量（1 g/100 g、5 g/100 g 和 10 g/100 g 种子）的 AsA 拌种或者浓度为 0.1%的 AsA 水溶液浸泡 4 h 后试验室环境条件下布袋贮藏的洋葱种子发现，使用量为 1 g/100g 种子的 AsA 拌种有效提高了洋葱种子的生活力，而用 5 g/100 g 和 10 g/100 g 种子的 AsA 拌种或者浓度为 0.1%的水溶液浸泡 4 h 则对洋葱种子的发芽率没有影响，甚至会有轻微的毒害作用；研究还发现，AsA 的作用还与洋葱的品种有关，其对洋葱品种 N-53 的影响显著大于品种 Hisar-2。Dolatabadion 和 Modarres-sanavy（2008）研究 AsA 对向日葵、油菜和红花（*Cartbamus tinctorius* L.）的陈种子的影响发现，AsA（浓度为 0、100 mg/kg、200 mg/kg 和 400 mg/kg）处理可以显著降低向日葵和油菜种子的 CAT 活性，预防其蛋白质的分解和脂质过氧化作用的发生，从而显著提高向日葵和油菜种子的发芽率，并促进其幼苗的生长，但是 AsA 处理对红花陈种子的发芽率没有任何影响。AsA 对老化种子的作用效果与植物种或品种、AsA 浓度、处理时间及方式等关系密切，AsA 对老化种子的修复机制尚不明确。因此，探讨不同 AsA 浓度、处理时间及方式对老化种子的影响，明确其对老化种子的修复机制，对于农业生产实践具有重要的指导意义。

二、外源 GSH 对种子劣变的研究进展

GSH 素有“抗氧化物之王”的称号，是植物体内一种重要的抗氧化剂，可以清除细胞代谢过程中产生的多余 ROS，减少脂质过氧化作用造成的细胞损伤，在植物抵抗逆境胁迫中起着非常重要的作用（闫慧芳等，2013）。GSH 在种子贮藏蛋白的合成过程中具有重要作用，它作为细胞的 ROS 清除剂，不仅能保护含硫醇的酶，还能直接清除 ROS，因此，GSH 的含量水平及其相关酶活性，常被作为机体清除 ROS 状态的标志。一般认为在干燥或成熟的正常种子中，AsA 含量会缺乏，GSH 则易被维持，而在种子的老化或劣变过程中却存在差异。Torres 等（1997）研究人工

加速老化（43℃和45%的相对湿度下1～11 d）的向日葵种子也发现，GSH系统的功效与老化种子的活力水平有关，随老化时间的延长，干种子中总谷胱甘肽含量没有变化，但GSH缓慢地转变为GSSG，而且伴随着GR活性的降低。在25℃吸涨12 h可以显著修复老化向日葵种子的GSH水平，甚至可以达到未老化时水平。研究人工加速老化（45℃和79%的相对湿度下6 d）的三倍体西瓜（*Citrullus vulgaris* S.）种子发现，GSH含量水平下降，而且依赖于GSH的几个抗氧化酶活性均降低。Tommasi等（2006）研究银杏种子发现，伴随着种子活力的丧失，GSH含量减少，认为发生在种子贮藏期间的GSH代谢的改变，可能参与了种子发芽势的下降。

GSH即可能直接与ROS反应，也可能通过AsA-GSH循环间接清除ROS，从而清除了种子老化或劣变过程产生的过量ROS，使细胞膜免受ROS攻击，延缓了种子脂质过氧化的进程。Draganić和Lekić（2012）研究人工加速老化的向日葵种子发现，GSH处理既可以提高种子的发芽率，还能显著促进正常幼苗的生长。Yin等（2014）研究老化（50℃条件贮藏1个月、9个月和17个月）水稻（*Oryza sativa* L.）种子发现，CAT、APX和MDHAR活性显著降低，*CAT1*、*APX1*和*MDHAR1*的表达也下降，而且AsA和GSH含量的减少与ROS清除酶的活性减少有关。另外，谷胱甘肽半池还原电位（glutathione half-cell reduction potential，E-GSSG/2GSH）是玉米种子抵御老化损伤的有效途径之一。裸花碱蓬（*Suaeda maritime* L.）老化（40℃条件下贮藏16年）种子（含水量10%～13%）也发现，种子生活力不仅与GSH和GSSG含量有关，还与谷胱甘肽半池还原电位有关。

GSH参与的ROS清除机制不仅与植物品种有关，而且在其种胚的不同部位也存在差异。杂交甜玉米（sweet corn hybrid）中GSH含量的下降程度要比混合杂交玉米（dent hybrid）的大。GSH系统在向日葵种子胚轴和子叶中发挥的作用存在差异，胚轴中GSH含量下降速度大于子叶，胚轴中GSSG含量增加，而子叶中GSSG含量没有变化，这与MDA含量相一致，表明GSH系统的变化可能对贮藏种子的脂肪具有保护作用。Ratajcza和Pukacka（2006）研究发现，胚轴APX、MDHAR、DHAR及GR酶活性均高于子叶，而且发芽率为30%时其胚轴GSH和GSSG含量均下降，这说明银白槭种子主要依赖胚轴中GSH参与AsA-GSH循环来清除老化过程产生的ROS。然而，人工加速老化（20℃和75%的相对湿度，30℃和45%的相对湿度）的番茄（*Lycopersicon esculentum* M.）种子，虽然 GSH 含量显著降低，且 GSSG 含量也不同程度的增加，但总谷胱甘肽含量则减少，同时，老化番茄种子的 MDA 含量也没有增加，因此认为 GSH 的氧化程度不仅与种子的萌发能力没有直接的关系，更与种子的脂质过氧化作用无关。Pukacka 和 Ratajczak（2007）研究贮藏后的山毛榉种子发现，GSH 与老化种子的发芽率不相关。

综上所述，目前 GSH 与老化种子活力关系的研究主要集中在细胞水平上，而且关于 GSH 对种子老化或劣变的作用尚未统一，即使认为 GSH 对种子老化或劣变具有修复作用，但其机理也存在一定的争议。因此，深入研究 GSH 对老化种子的影响，不仅有利于揭示种子衰老的机制，还有利于提高农牧业生产效益。

第三章　种子蛋白质组学研究进展

第一节　蛋白质组学概念

蛋白质组学（proteome）首先由 Wilkins 在 1994 年提出，指在特定时间和空间内，由一个细胞或组织的基因组所表达的全部蛋白质。它是在蛋白质水平上研究基因的功能（Cordwell et al.，1997），是研究开始进入功能基因组学的标志之一（Anderson et al.，1998）。蛋白质组学的研究主要集中在 3 个部分：功能蛋白质组学、结构蛋白质组学和表达蛋白质组学（Aggarwal et al.，2003；Patterson et al.，2003；Schmid，2002）。功能蛋白质组学以蛋白质的功能模式为主要研究内容，包含蛋白质间相互作用及功能。结构蛋白质组学是以蛋白质的表达模式为主要研究对象，包含有氨基酸序列及空间结构的数量鉴定及种类分析。表达蛋白质组学则是细胞、组织所产生的全部蛋白质的鉴定为主要研究内容。随着蛋白质组学的深入理解和研究发现，短时间建立完整的蛋白质组学数据库条件不成熟（Juri et al.，2002），于是通过寻找两个样本蛋白质组之间的差异成为新的研究热点，从而揭示细胞生理的进程与本质，细胞调控机制，抗逆的反应途径以及获得蛋白的定量及定性分析（何大澄和肖雪媛，2002）。

第二节　蛋白质组学研究技术

一、蛋白质分离技术

1. 样品制备技术

蛋白质组学研究的第一步是蛋白质样品的制备。蛋白质样品制备的过程一般是：破碎、溶解、失活和还原组织或细胞等样品，除去非蛋白质部分，提取全部蛋白质（乌云塔娜等，2005）。在样品制备过程中要避免蛋白丢失，减少降解，清除杂质等，必要时可采用分步提取或使用特殊助溶剂（于靖和王方，2007）。到目前为止，已有多种提取蛋白质的方法，例如：三氯乙酸沉淀法、丙酮沉淀法、饱和酚法以及硫酸铵沉淀法等，无论使用哪种方法，制备样品的过程必须可重复，且适用于随后的蛋白质分离和鉴定。

2. 双向凝胶电泳

蛋白质组学研究的核心是分离技术（万晶宏和贺福初，1999），双向电泳在蛋白质分离过程中具有极高的分辨率，同时可以显示细胞或组织中复杂的蛋白混合物，成为大多数蛋白质组研究中的核心技术。双向凝胶电泳（two-dimensional gel electrophoresis，2D-PAGE）是于1956年被Poulik和Smithiea发明，在1975年由O′Farrell做了改进，并建立了双向凝胶电泳技术体系（皇甫海燕等，2006）。双向电泳的基本原理是：第一向分离是依据蛋白质等电点的不同而进行的等电聚焦（IEF），蛋白质将沿着pH值梯度分离到各自的等电点处；随后的第二向分离是依据蛋白质分子量的大小而进行的十二烷基硫酸钠-聚丙烯酰胺凝胶电泳（SDS-PAGE），并得到反映蛋白质含量、分子量以及等电点的二维图谱。但目前双向凝胶系统仍然存在一定的问题，例如，高分子量、极酸、极碱的蛋白易在电泳中丢失；疏水性蛋白难溶于缓冲液，低拷贝数蛋白无法检测到等。在双向凝胶电泳基础上研究出2D-DIGE（two-dimensional fluorescence difference gel electrophoresis），2D-DIGE是用荧光素标记蛋白样品后进行分离，具有精确和可重复的定量分析的优点。

3. 高效液相色谱技术

高效液相色谱（high performance liquid chromatography，HPLC）技术分离样品是利用其不同分子在流动相与固定相之间相互作用力的差异而进行的。HPLC技术不需要对蛋白质样品进行变性以及不需要进行染色再观察。HPLC具有高灵敏度、高分辨率等特点（赵铁男，2007）。在此基础上二维液相色谱（2D-LC）或多维色谱技术被发明，它们是将两种或两种以上色谱分离方法进行组合的技术。

此外，还有亲和层析、毛细管电泳等一系列蛋白质分离技术。

二、蛋白质鉴定技术

1. 氨基酸序列分析技术

氨基酸序列分析分为C端和N端氨基酸序列分析，其利用蛋白质末端氨基序列的专一性鉴定。Edman降解法测定N端氨基酸序列，可测定15个N端氨基酸序列，但是N端被修饰或缺失时不可使用该法。C端氨基酸序列测定有端片段分离法、化学降解法等，可测定10个左右的氨基酸序列。但是氨基酸序列分析法费用高、耗时长，不可满足大规模高通量蛋白质研究（钱小红和贺福初，2003）。

2. 质谱鉴定技术

质谱鉴定技术是当前蛋白质组学研究的技术支柱（Koomen，2005），它具备准确、灵敏、自动化以及高通量等特点。质谱技术的基本原理是通过电离源离子化样品，据离子间质荷比差异，通过磁、电场分离离子，从而确定分子量。因离子产生方法不同而发展的质谱包括基质辅助激光解吸离子化质谱（MALDI-MS）、电喷雾离子化质谱（ESI-MS）、傅立叶变换离子回旋共振质谱（FT-ICR-MS）以及蛋白质芯片技术等。

3. 同位素标记亲和标签技术

同位素标记亲和标签技术（ICAT）准确性及灵敏度高，能分析低表达蛋白质、疏水性蛋白。现主要应用于蛋白质组差异方面。

4. 生物信息学

自1996年以来，随着双向电泳的发展，蛋白质数据库也逐渐发展起来。目前已知基因组序列的植物通过搜索蛋白质数据库进行蛋白质鉴定，如 Swiss-Prot、NCBI 和 RefSeq 等（吴松锋，2005）。如蛋白质数据库不完整时，可进行串联质谱鉴定，仍得不到结果时，可搜索表达序列标签（EST），仍未有结果时，可人工解析得肽序列后返回 NRDB 和 ES 数据库检索。其中肽序列对于蛋白质修饰及新蛋白发现极重要（张国安，2003）。

第三节　种子劣变蛋白质组学研究进展

蛋白质组学相对于基因组学更接近生命活动的本质。蛋白质在种子成熟过程中扮演着极其重要的角色，同时调控着种子的各种生理生化反应和代谢过程（Shewry et al.，1999）。种子老化过程中蛋白质的种类、数量及存在形式都会发生变化。人们针对种子老化的蛋白质变化开展了许多研究。对拟南芥种子老化蛋白质研究发现，控制劣变直接影响种子蛋白质，进而影响种子活力（Rajjou et al.，2008），低活力种子在萌发过程中不表现出正常的蛋白质。另外，控制劣变增加蛋白质的氧化程度，引起种子蛋白质功能丧失。对人工加速老化向日葵种子的研究发现，老化后的种子蛋白质消失或出现，质谱结果表明，其中 2 个蛋白质具有延缓种子活力下降的功能（董贵俊，2006）。刘军等（1999）研究表明，高活力种子在萌发时，贮藏蛋白及时提供氨基酸，从而形成新蛋白。对小麦种子研究发现，高温吸涨过程使 37 个蛋白发生变化，其中 25 个是热诱导蛋白。热激蛋白（HSPs）、LEA（late embryogenesis abundant proteins）对种子老化过程起阻碍作用（Dell'Aquila et al.，1998）。国内外学者在早期对棉花、大麦、小麦、玉米等种子进行研究发现，沸水高温处理后这些种子中存在一些仍可保持可溶性的蛋白质即热稳定蛋白，它常因为逆境胁迫而积累。对老化花生种子的研究发现，种子活力降低到特定程度时，会有一个分子量为 10 kDa 的特异蛋白条带出现，说明种子老化与此蛋白有关（范国强和刘玉礼，1995）。近年来，对种子热稳定蛋白的研究呈现不断增长的趋势。根据报道，经过 8 年常温贮藏的籼稻桂早 2 号种子和粳稻种子，通过 SDS-PAGE 电泳图谱分析热稳定蛋白，发现分子量为 39.4 kDa 的特异蛋白仅存在于籼稻种子中。另外，分子量 41.6 kDa 的热稳定蛋白也存在差异，表现为籼稻种子该条带比粳稻种子的带细。经过进一步的分析发现，而籼稻种子发芽率为零时，其分子量为 39.4 kDa 热稳定蛋白条带丢失，粳稻种子发芽率为零时，其分子量为 41.6 kDa 的热稳定蛋白条带丢失，说明种子活力与热稳定蛋白质有关（吴晓亮等，2006）。在莲子、卷心菜等种子中也得出了同样的结果，即种子活力与热稳定蛋白密切相关，其中莲子种子中发现随着老化时间的延长，热稳定蛋白逐渐增加（黄上志和汤学军，2000）。以玉米种子为材料，经人工加速老化处理后，研究发现不同活力水平的种子中，种子的活力高，胚蛋白降解快（刘军等，1999）。另外在小麦、玉米、花生等种子贮藏过程中蛋白质溶解性下降。长期干燥贮藏的燕麦种子在失去活力时，水溶性蛋白含量下降。

第四章　燕麦种子老化研究

第一节　燕　麦

燕麦（*Avena sativa* L.）又称玉麦、铃铛麦，英文是 oat，属禾本科燕麦属一年生草本植物，是一种优良的饲用麦类作物，它是人类和动物可直接利用的粮食及饲料作物之一。燕麦广泛分布于欧、亚、非三洲的温带地区（郭红媛等，2014；南铭等，2015）。我国燕麦主要分布于东北、华北和西北的高寒牧区，其中以内蒙古、河北、山西、甘肃种植面积最大。近年来，随着人工草地的建立，燕麦开始在牧区大量种植，发展很快，已成为高寒牧区枯草季节的重要饲草来源。燕麦在全世界谷物生产中仅次于小麦、玉米和水稻，占第四位（王波和宋凤斌，2006）。燕麦经过长期的自然选择后，具有耐旱、耐碱、耐寒等特性（胡廷会等，2013；刘霞等，2014；刘凤歧等，2015）。在高寒环境下燕麦收获稳定，不仅解决了当地人的吃饭问题，而且为家畜提供了饲草（郭刚等，2014；王巧玲等，2014）。燕麦经过 3～5 年的连续种植后，就会具有多年生牧草习性，并且可以一年两收，上半年粮草兼收，下半年收获牧草，这对退耕还草等方面具有独特作用（许令妊，1981；Peske et al.，1994）。

燕麦是一种非常重要的饲用植物，其青绿的叶片和秸秆不仅具有多汁柔嫩和适口性好的优点，而且其秸秆中还含有较高的粗蛋白、粗脂肪以及无氮浸出物等营养成分，这均高于谷子（*Setaria italica* L.）、小麦和玉米等农作物的秸秆，且其所含难以消化的粗纤维却均低于小麦、玉米以及谷子等农作物秸秆，同时，由于其籽粒中也富含各种营养成分，所以成为畜禽的优良饲草料来源之一（郑曦等，2013）。近年来，随着人们对人工草地的建立的需求增加，燕麦也逐渐开始在农牧区大量种植，并已经成为高寒牧区枯草季节的重要饲草来源。燕麦长期以来一直被用于制作青干草，近年来发现燕麦也是制作优质青贮饲草料的重要原材料（侯建杰等，2014）。由于燕麦在自然环境条件下有着独特的适应能力，并具有丰产和稳产的特性，在放牧牲畜的冷季补饲中发挥着其他饲草料作物不可替代的作用，并在一定程度上可以缓解全球普遍存在的饲草供应季节性不均衡与家畜需求相对稳定的矛盾，因此，燕麦是解决冷季缺草和确保高寒草地畜牧业生产可持续发展的最佳饲草品种（德科加等，2007）。我国主要分布在温带地区，畜牧业的发展长期受到冷季饲草不足的限制，因此，加快燕麦在我国的推广应用和研究开发，对于促进我国畜牧业的可持续发展具有重要意义（田莉华等，2015）。随着我国畜牧业的迅速发展、草地植被恢复面积的逐年扩增、以及人类对健康的日益重视，燕麦将会在人工草地建植和天然退化草原的重建等方面发挥重要作用，尤其在青藏高原及其周边高海拔地区（赵桂琴等，2007）。

燕麦不仅是特色的粮饲兼用作物，又是绿色营养保健作物（曲祥春等，2006）。燕麦籽实中含有对人类健康至关重要的均衡蛋白质、可溶性膳食纤维β-葡聚糖、不饱和脂肪酸、大量维生素及矿物质等营养成分（Welch，2011）。另外，燕麦籽实中还含有较高的人体必需氨基酸，而且其分布比例相对平衡，其所含的必需氨基酸组成成分与人类每日摄取量的需求标准基本相同，可以有效地促进人体的生长和发育（戚向阳等，2014）。此外，燕麦具有较高的油脂含量，脂肪含量为3.1%~11.6%，这远远高于其他禾谷类作物，例如，小麦、玉米、水稻及大麦等（Claudine et al.，2012；Price et al.，1975）。燕麦油脂的含量与脂肪酸组成有一定的相关性，其脂肪酸主要是由棕榈酸、油酸、亚油酸、硬脂酸和亚麻酸组成的，而且其不饱和脂肪酸占80%以上，不饱和脂肪酸的主要成分则是油酸和亚油酸。然而，由于脂肪衍生物容易酸败或劣变，所以燕麦籽实的高脂肪含量会导致其种子更容易发生劣变，从而限制了燕麦籽实在食物及种子方面的广泛应用（Heini et al.，2001）。因此，研究燕麦种子的老化对其种质资源的保存与利用具有重要意义。

第二节 燕麦种子老化研究

含水量及贮藏条件严重制约着燕麦种质资源的迁地保存和利用。谭富娟等（1997）研究发现，在库温为8.7℃和相对空气湿度为68.5%的条件下，贮存8年的燕麦种子发芽率为74.1%，贮存28年的燕麦种子发芽率为2.0%，贮存36年的种子则完全丧失了发芽能力，同时，燕麦种子的电导率和糖溶出物也随着贮藏年限的延长而逐渐增加，并且其染色体的畸变率也逐渐增加，直至无法分辨。环境温度也是影响贮藏燕麦种子质量的重要因素。韩亮亮和毛培胜（2007）研究100%的湿度条件下人工加速老化处理的燕麦种子发现，其最佳温度是42℃，最适时间是36 h。随着老化温度的逐渐升高（40℃、50℃、60℃、70℃、80℃、90℃、100℃和110℃），燕麦种子的发芽率、发芽指数和活力指数均逐渐降低，其发芽率经过90℃高温烘箱处理12 h后即降为41.68%，而其SOD、POD及CAT活性则均呈现出下降的趋势，而种子相对电导率、MDA含量、美拉德反应（maillard reaction）产物含量及浸出液中可溶性糖含量则呈现出逐渐升高的趋势。种子含水量不同也会影响燕麦种子的控制劣变（controlled deterioration），Kong等（2014）研究发现，在45℃条件下控制劣变 48 h后，燕麦种子发芽率、APX、CAT和SOD活性均随种子含水量的增加而逐渐降低，而$O_2 \cdot^-$产生速率和MDA含量则均随含水量的增加而逐渐增加，细胞膜损伤程度也随种子含水量的增加而逐渐加重，在含水量≥22%时细胞膜结构和完整性丧失，而且发现线粒体是对种子老化最敏感的细胞器，并随种子含水量从4%~40%的增加而逐渐膨胀、畸形到膜破裂甚至解体，而其他细胞器普遍解体，核膜消失，核质与细胞质混合。这与廉佳杰（2009）的研究结果相一致。Kong等（2014）比较高温老化（在45℃条件下控制劣变48 h）和低温贮藏（在4℃条件下贮藏6个月或12个月）对燕麦种子影响发现，两者之间的种子劣变机制不同。

通过对燕麦种子不同含水量和不同贮藏条件下的生理生化变化的研究，深入了解劣变过程中ROS清除系统的动态变化。同时对不同生活力种子经氧化胁迫后，主要抗氧化酶以及抗氧化物质基因的表达动态进行深入了解，试图分析抗氧化酶基因以及抗氧化物质基因的表达水平与ROS清除系统的分子生物学机制。

第五章　不同老化处理对燕麦种子生理的影响

种子贮藏寿命受种子含水量以及贮藏温度影响。现在普遍认为种子老化是由ROS以及自由基的积累所引起的。在种子贮藏过程中，可以发生自氧化反应导致自由基的产生。与此同时，种子内的抗ROS系统清除自由基，形成平衡状态，种子保持较高活力。随着种子贮藏时间延长，以及高温高湿条件下，ROS含量增加，种子内抗ROS系统不能清除所有的ROS，打破平衡，产生有毒有害物质，进一步对膜造成伤害，使种子活力下降，甚至死亡。

目前，研究种子贮藏特性大多采用人工加速老化的方法。本研究采用不同含水量（4%、10%、16%、22%和28%）的燕麦种子，通过不同老化处理（45℃，48h以及4℃低温和室温条件下自然老化6个月、12个月和18个月），分析比较燕麦种子劣变过程中ROS（$O_2 \cdot^-$产生速率、H_2O_2），酶促抗ROS系统（SOD、CAT和APX）、非酶促抗ROS系统（抗坏血酸、脯氨酸）、有害物质（MDA）、种子呼吸速率与种子活力的相关性，以期深入了解和揭示燕麦种子劣变过程中的生理生化变化规律。

第一节　贮藏时间、温度对不同含水量燕麦种子发芽率的影响

一、试验材料

试验材料为从Lockwood Seed and Grain Company（Woodland，USA）购买的

燕麦种子（批号为 Lot#P708O2498），于 2012 年 5 月开始进行试验。种子发芽率及含水量情况见表 5-1。

表 5-1　试验燕麦种子样品基本情况

Table 5-1　Basic information of oat seed sample

种子自然含水量（%）Seed natural moisture content（%）	正常种子数 Normal seedlings	不正常种子数 Abnormal seedlings	新鲜未发芽种子数 Fresh seeds	死种子数 Dead seeds
8. 8	98	1	0	1

二、试验方法

1. 含水量的测定

种子含水量测定参照 ISTA 规程（2012）第九章，具体方法如下。

称取洁净种子 4. 5 g 左右放入样品盒后称重（精确到 0. 001 g），设置两个重复。在 130～133℃下，将样品盒盖开启后放入烘箱内烘干 1 h。到达规定的时间后，盖好样品盒盖，放入干燥器里冷却 30 min 后再称重。按下式计算种子含水量：

$$种子含水量（\%）=（M_2-M_3）/（M_2-M_1）\times 100$$

式中：M_1 为样品盒和盖的重量，g；M_2 为样品盒和盖及样品的烘前重量，g；M_3 为样品盒和盖及样品的烘后重量，g。

2. 种子水分调整

将试验用种子水分进行调整，获得含水量分别为 4%、10%、16%、22% 和 28% 的种子样品。种子水分调整方法为先确定种子的自然含水量，然后分两种情况调节：

需要达到含水量高于自然含水量：先计算出达到相应含水量所需蒸馏水的量，直接将种子装入铝箔袋中并加入计算出的蒸馏水量并立即密封好铝箔袋，在 5～10℃条件下放置 18～24 h 即可以达到相应的含水量。

需加蒸馏水的计算公式为：$V=（100-MC_o）/（100-MC_r）\times W-W$

式中：V 为需要加入水的体积（mL）；MC_o 为初始含水量（%）；MC_r 为需

要达到的含水量（%）；W 为种子质量（g）。

需要达到含水量低于自然含水量：在自然条件下称出种子的质量，计算出达到相应含水量时种子的重量。将种子放入装有变色硅胶的干燥器中干燥，并频繁称量种子的重量，达到要求后立即将种子装入铝箔袋中密封。

达到要求含水量的种子质量为：$W=（100-MC_o/100-MC_r）\times W_o$

式中：W 为达到要求含水量的种子质量；MC_o 为初始含水量（%）；MC_r 为需要达到的含水量（%）；W_o 为种子初始质量（g）。

3. 种子贮藏处理

将 25 g 左右的种子放入铝箔袋中，按上述方法对其进行含水量调节，获得含水量分别为 4%、10%、16%、22%和 28%的种子样品，立即用封口机进行封口；种子样品分成三部分进行不同的试验，①将调整好水分的样品在 45℃ 水浴中劣变 48 h（CDT），以不劣变种子为对照（CK）；②将调整水分后的一部分样品放入 4℃冷藏箱中 6 个月、12 个月及 18 个月（LT-6、LT-12 和 LT-18）；③将调整水分后的一部分样品放入室温（25℃恒温）条件下存放 6 个月、12 个月及 18 个月（RT-6、RT-12 和 RT-18）。

4. 燕麦种子标准发芽率的测定

种子发芽率测定参照 ISTA（2011）规定进行，选取均匀饱满的燕麦种子，将其放置于盛有 3 层滤纸的 12 cm 培养皿中，每皿放置 50 粒，设 4 次重复，在 20℃条件下放置于发芽箱中培养。初次计数为第 5 天，末次计数为第 10 天，最终统计正常种苗数、不正常种苗数、新鲜未发芽数和死种子数，按照公式计算种子发芽率。

发芽率 =（发芽终期全部正常种苗数/供试种子数）×100%

三、结果与分析

1. 室温贮藏 6~18 个月对不同含水量燕麦种子发芽率的影响

在室温贮藏条件下，燕麦种子经过 6 个月贮藏，随着含水量的增加，燕麦种子发芽率呈现显著下降趋势（图 5-1）。4%和 10%含水量种子的发芽率显著高于其余种子（$P<0.05$），达到 98%。含水量 16%、22%、28%的燕麦种子发芽率均

降为 0%，种子丧失发芽能力。

经过 12 个月室温贮藏的燕麦种子，随着含水量的增加，同样呈现下降趋势（图 5-1）。水分含量为 4%、10% 的燕麦种子发芽率较高，分别为 84%、87%，且无显著差异（P>0.05）。当含水量增加至 16%时，燕麦种子发芽率下降为 0%，与 4%、10%含水量的燕麦种子存在显著差异（P<0.05），含水量在 22%、28% 时燕麦种子的发芽率均为 0%。

经过 18 个月室温贮藏的燕麦种子，随着含水量的增加，也呈现下降趋势（图 5-1）。水分含量为 4%、10% 的燕麦种子发芽率较高，分别为 86%、89%，且差异不显著（P>0.05）。当含水量增加至 16%时，燕麦种子发芽率也下降为 0%，与 4%、10%含水量的燕麦种子存在显著差异（P<0.05），含水量在 22%、28%时燕麦种子的发芽率均为 0%。

含水量为 4%、10%的燕麦种子在室温下贮藏 12 个月、18 个月后较贮藏 6 个月后的发芽率下降，且差异显著（P<0.05），但贮藏 12 个月与 18 个月间发芽率无显著性差异（P>0.05）。含水量为 16%~28%的燕麦种子经过 6 个月、12 个月以及 18 个月贮藏后发芽率均降为 0%（图 5-1）。

2. 低温贮藏 6~18 个月对不同含水量燕麦种子发芽率的影响

在 4℃低温贮藏条件下，燕麦种子经过 6 个月贮藏，随着含水量的增加，燕麦种子发芽率呈现下降的趋势（图 5-2）。含水量 4%~22%的种子发芽率间无显著性差异（P>0.05），但是显著高于 28%含水量的种子（P<0.05），28%含水量种子发芽率为 1%。

经过 12 个月低温贮藏的燕麦种子，随着含水量的增加，同样呈现下降趋势（图 5-2）。水分含量为 4%、10%的燕麦种子发芽率间无显著性差异（P>0.05），发芽率分别为 84%、87%。当含水量增加至 16%时，种子发芽率降为 77%，显著低于 4%、10%含水量的燕麦种子（P<0.05），但显著高于 22%、28%含水量的燕麦种子发芽率（P<0.05）。含水量为 22%时，燕麦种子发芽率为 3%，当含水量为 28%时，燕麦种子发芽率为 0%。

经过 18 个月低温贮藏的燕麦种子，随着含水量的增加，同样呈现下降趋势（图 5-2）。水分含量为 4%、10%的燕麦种子发芽率较高，且无差异显著性（P>

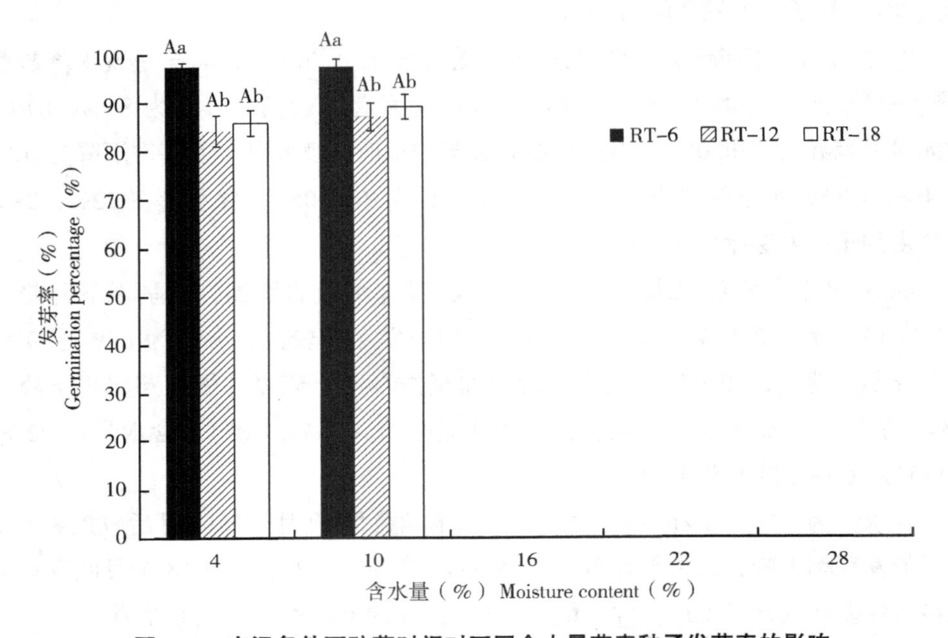

图 5-1　室温条件下贮藏时间对不同含水量燕麦种子发芽率的影响

Fig. 5-1　Effect of storage duration on germination percentage of oat seed with different moisture content under the storing condition of room temperature

注：不同大写字母表示相同贮藏时间内不同含水量燕麦种子发芽率差异显著（$P<0.05$），不同小写字母表示相同含水量不同贮藏时间燕麦种子发芽率差异显著（$P<0.05$），下同。

Note: The different letters indicate significant differences at 0.05 level among treatments as determined by the Duncan's multiple range test. Means with different capital letters indicate the significant differences of seed at different moisture content and same storage duration, and with different lowcase letters at the same moisture content and different storage duration, the same as below.

0.05)。当含水量增加至16%时，燕麦种子发芽率降为74%，显著低于4%、10%含水量的燕麦种子（$P<0.05$），且显著高于22%、28%含水量燕麦种子（$P<0.05$）。含水量为22%时，燕麦种子发芽率为3%，当含水量为28%时，燕麦种子发芽率为0%。

含水量为4%、10%的燕麦种子在4℃条件下贮藏6个月、12个月和18个月间发芽率差异不显著（$P<0.05$）。含水量为16%、22%的燕麦种子经过4℃贮藏

12 个月、18 个月后较贮藏 6 个月后的发芽率显著下降（$P<0.05$），贮藏 12 个月与 18 个月间发芽率差异不显著（$P>0.05$）。含水量为 28%的燕麦种子经过 6~18 个月贮藏后发芽率均降至最低，且无显著差异（$P>0.05$）（图 5-2）。

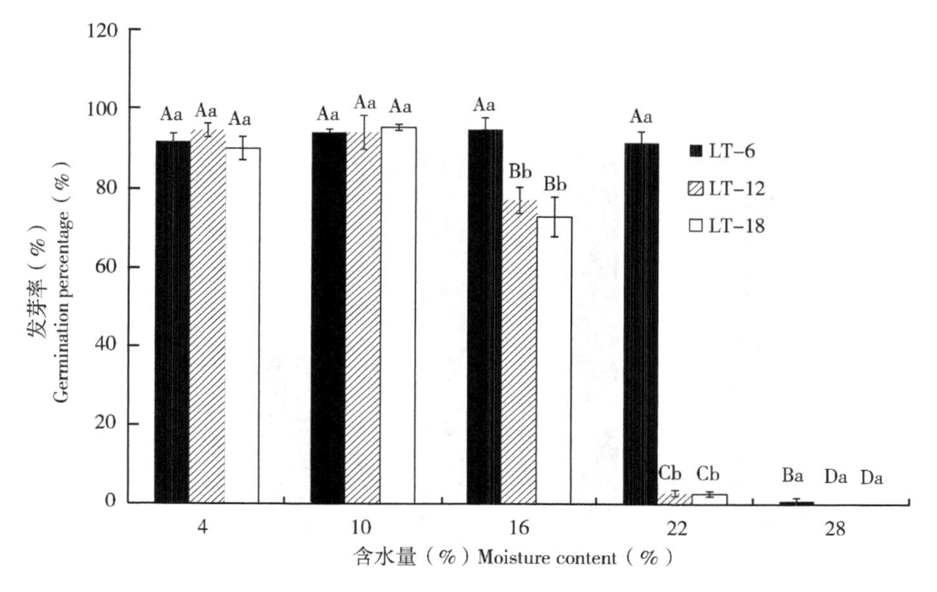

图 5-2　低温条件下贮藏时间对不同含水量燕麦种子发芽率的影响

Fig. 5-2　Effect of storage duration on germination percentage of oat seed with different moisture content under the storing condition of low temperature

3. 控制劣变处理对不同含水量燕麦种子发芽率的影响

燕麦种子经过控制劣变（45℃，48 h）处理后，随着含水量的增加，燕麦种子发芽率呈现下降的变化趋势（图 5-3）。含水量为 4%、10%和 16%的种子发芽率显著高于其余种子样品（$P<0.05$），但相互间无显著性差异（$P>0.05$）。在水分含量 22%时，种子发芽率降至 41%，在 28%含水量时，燕麦种子发芽率降为 0%，丧失发芽能力。

未经劣变处理燕麦种子（CK）发芽率测定结果显示（图 5-3），4%~22%含水量种子发芽率为 92%~95%，并且差异不显著（$P>0.05$），当含水量增至 28%时，种子发芽率降至 48%，显著低于前者（$P<0.05$）。

在含水量为4%～16%时，控制劣变处理与CK种子发芽率间无显著性差异（$P>0.05$），均保持在92%～95%间。当含水量增加至22%、28%时，控制劣变处理燕麦种子发芽率显著低于CK种子（$P<0.05$）（图5-3）。

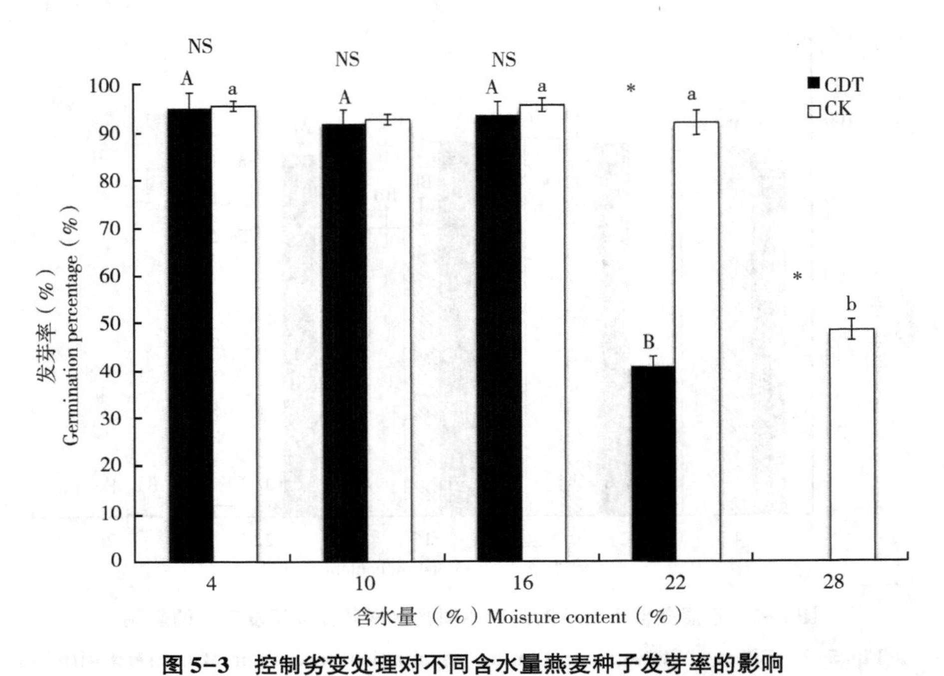

图5-3　控制劣变处理对不同含水量燕麦种子发芽率的影响

Fig. 5-3　Effect of controlled deterioration treatment on germination percentage of oat seed with different moisture content

第二节　贮藏时间、温度对不同含水量燕麦种子呼吸速率的影响

一、试验方法

试验材料同上，单粒种子放置于含盖子的0.5 mL管子中（Catalog 72730003，micro tube 0.5 mL，Sarstedt，Germany），管中有1%琼脂350 μL。每

个架子放置48支管子，16个架子安置于ASTEC Q2（ASTEC-global，USA）仪器上，每隔30 min对每只管子进行扫描。其中2支对照管，一支为100%含氧量，另一支0%含氧量。每个处理3次重复，每个重复48粒种子。Q2扫描后，经过ASTEC分析，得到理论萌发时间（relative germination time，RGT）、O_2代谢速率（oxygen metabolism rate，OMR）以及萌发启动时间（increased metabolism time，IMT）值。

二、结果与分析

1. 室温贮藏6~18个月对不同含水量燕麦种子呼吸速率的影响

在室温贮藏条件下，燕麦种子经过6个月贮藏，随着含水量的增加，燕麦种子非低氧胁迫条件下的理论萌发时间（relative germination time，RGT）延长（表5-2）。4%、10%含水量种子的RGT最短，且二者间无显著性差异（P>0.05），16%含水量种子的RGT显著高于4%、10%含水量的RGT（P<0.05）。16%~28%含水量种子RGT呈现显著递增的趋势（P<0.05），28%含水量种子的RGT最长。

经过6个月室温贮藏，燕麦种子萌发O_2消耗速率即胚根突破种皮后到受低氧胁迫O_2消耗率变慢之间的呼吸率（oxygen metabolism rate，OMR），随着含水量的增加而减弱（表5-2）。4%、10%含水量种子的OMR最高，且二者间无显著性差异（P>0.05）。16%、22%含水量种子的OMR显著低于4%、10%含水量种子的OMR（P<0.05），28%含水量种子的OMR最低，与其他含水量种子OMR存在显著性差异（P<0.05）。

经过6个月室温贮藏，燕麦种子吸涨萌动至胚根突破种皮的时间（increased metabolise time，IMT）随着含水量的增加而延长（表5-2）。4%、10%含水量种子的IMT最短，且二者间无显著差异（P>0.05），16%含水量种子的IMT显著高于4%、10%含水量种子的IMT（P<0.05）。16%~28%含水量种子的IMT呈现显著递增的趋势（P<0.05），28%含水量种子的IMT最长。

经过12个月室温贮藏，随着含水量的增加，燕麦种子RGT、IMT均呈现延长变化，而OMR减弱（表5-2）。4%、10%含水量种子的RGT、IMT最短，且二者间均无显著性差异（P<0.05）。16%~28%含水量种子的RGT、IMT无限期

延长。4%、10%含水量种子的 OMR 最高，且二者间无显著性差异（$P>0.05$）。16%~28%含水量种子的 OMR 降为 0%，显著低于 4%、10%含水量种子的 OMR（$P<0.05$）。

表 5-2　室温条件下贮藏时间对不同含水量燕麦种子呼吸速率的影响

Table 5-2　Effect of storage duration on single seed respiratory of oat seed with different moisture content under the storing condition of room temperature

贮藏时间（月）Storage duration（months）	种子含水量（%）Seed moisture content（%）	RGT（h）	OMR（% Oxygen/h）	IMT（h）
6	4	48. 45±1. 093d	2. 427±0. 089a	14. 847±0. 827d
	10	46. 09±0. 124d	2. 650±0. 178a	15. 263±0. 179d
	16	184. 46±3. 548c	0. 467±0. 061b	19. 777±0. 194c
	22	262. 32±2. 224b	0. 488±0. 085b	30. 817±0. 105b
	28	331. 68±4. 764a	0. 290±0. 019c	44. 967±0. 079a
12	4	54. 53±3. 384a	1. 833±0. 098a	34. 477±1. 949a
	10	53. 38±3. 124a	1. 710±0085a	36. 067±2. 960a
	16	–b	0b	–b
	22	–b	0b	–b
	28	–b	0b	–b
18	4	65. 717±3. 219a	1. 394±0. 064a	34. 327±2. 253a
	10	72. 513±3. 674a	1. 333±0. 137a	35. 703±3. 980a
	16	–b	0b	–b
	22	–b	0b	–b
	28	–b	0b	–b

注：同列不同小写字母表示平均值间差异显著（$P<0.05$）。

Note: Means with different lowcase letters indicate significant differences at 0. 05 level within same column.

经过 18 个月室温贮藏，随着含水量的增加，燕麦种子 RGT、IMT 均呈现延长变化，而 OMR 减弱（表 5-2）。4%、10%含水量种子的 RGT、IMT 最短，且二者间无显著性差异（$P>0.05$）。16%~28%含水量种子的 RGT、IMT 无限期延长。4%、10%含水量种子的 OMR 最高，且二者间无显著性差异（$P>0.05$）。16%~28%含水量种子的 OMR 降为 0%，显著低于 4%、10%含水量的 OMR（$P<0.05$）。

含水量为 4%、10%燕麦种子的 RGT、IMT 随着贮藏时间的延长而呈现出逐渐增加的变化规律，但种子的 OMR 变化却正相反。16%~28%含水量种子在贮藏 6 个月、12 个月和 18 个月后，IMT、RGT 均为无限期延长，而种子 OMR 均降为 0%（表 5-2）。

2. 低温贮藏 6~18 个月对不同含水量燕麦种子呼吸速率的影响

在低温贮藏条件下，经过 6 个月贮藏，燕麦种子 RGT 随着含水量的增加而延长（表 5-3）。4%、10%与 16%含水量种子的 RGT 间差异不显著（$P>0.05$），22%含水量种子的 RGT 显著高于 4%~16%含水量种子的 RGT（$P<0.05$），28%含水量种子的 RGT 最高，并显著高于其他种子样品（$P<0.05$）。燕麦种子 OMR 随着含水量的增加而减弱（表 5-3）。4%~22%含水量种子的 OMR 间无显著性差异（$P>0.05$），28%含水量种子的 OMR 显著低于 4%~22%含水量种子的 OMR（$P<0.05$）。燕麦种子 IMT 随着含水量的增加而呈现出延长的变化（表 5-3）。4%~22%含水量种子的 IMT 间无显著性差异（$P>0.05$），28%含水量种子的 IMT 显著高于 4%~22%含水量种子的 OMR（$P<0.05$）。

经过 12 个月的低温贮藏，随着含水量的增加，燕麦种子 RGT、IMT 呈现延长的变化，而 OMR 呈现减弱的趋势（表 5-3）。4%~16%含水量种子的 RGT、IMT 间无显著性差异（$P>0.05$），22%含水量种子的 RGT、IMT 显著高于 4%~16%含水量种子的 RGT、IMT（$P<0.05$），当含水量增加至 28%时，种子 RGT、IMT 最高，并显著高于其他水分处理的种子 RGT 与 IMT（$P<0.05$）。4%~16%含水量种子的 OMR 之间无显著性差异（$P>0.05$），22%含水量种子的 OMR 显著低于 4%~16%含水量种子的 OMR（$P<0.05$），当含水量增加至 28%时，OMR 最低，且显著低于其他水分处理种子的 OMR（$P<0.05$）。

经过 18 个月低温贮藏，随着含水量的增加，燕麦种子 RGT、IMT 呈现出延长的变化，OMR 呈现出减弱的趋势（表 5-3）。4%~16%含水量种子的 RGT 间无显著性差异（$P>0.05$），22%~28%含水量种子的 RGT 无期限延长。4%含水量种子的 IMT 显著低于其他含水量种子 IMT（$P<0.05$），10%~16%含水量种子的 IMT 差异不显著（$P>0.05$），22%~28%含水量种子的 IMT 无期限延长。4%含水量种子的 OMR 显著高于其他含水量种子的 OMR（$P<0.05$），10%~16%含水量种子的 OMR 间无显著性差异（$P>0.05$），22%~28%含水量种子的 OMR 降为 0%。

4%~28%含水量燕麦种子的 RGT 随着低温贮藏时间的延长而呈现出逐渐增加的趋势，OMR 则呈现出相反的变化（表 5-3）。4%~16%含水量种子的 IMT 在贮藏 12 个月降低最低，贮藏 18 个月的 IMT 最高。22%、28%含水量种子 IMT 与 RGT 变化规律相似，在贮藏 6 个月最低，18 个月后 IMT、RGT 均为无限期延长。种子 OMR 随着贮藏时间延长而下降，在贮藏 18 个月后均降为 0%。

表 5-3　低温条件下贮藏时间对不同含水量燕麦种子呼吸速率的影响

Table 5-3　Effect of storage duration on single seed respiratory of oat seed with different moisture content under the storing condition of low temperature

贮藏时间（月）Storage duration (months)	种子含水量（%）Seed moisture content (%)	RGT (h)	OMR (% oxygen/h)	IMT (h)
6	4	48.093±1.137c	2.370±0.017a	15.773±1.970b
	10	48.677±0.592c	2.253±0.128a	16.100±1.238b
	16	50.627±1.043c	2.483±0105a	15.600±0.726b
	22	53.953±1.555b	2.590±0.131a	16.920±0.636b
	28	274.37±4.145a	0.653±0.015b	33.713±1.549a
12	4	49.173±0.964c	2.270±0.046a	8.613±0.173c
	10	50.850±1.246c	2.030±0.122a	8.117±0.205c
	16	52.533±1.107c	2.197±0.079a	8.833±0.310c
	22	241.703±8.203b	0.543±0.018b	28.500±0.707b
	28	296.260±9.167a	0.337±0.014c	35.777±1.382a

（续表）

贮藏时间（月） Storage duration (months)	种子含水量（%） Seed moisture content（%）	RGT（h）	OMR （% oxygen/h）	IMT（h）
18	4	62. 437±0. 048a	1. 587±0. 102a	22. 007±1. 233b
	10	62. 983±0. 124a	1. 283±0. 065b	31. 452±2. 381a
	16	62. 277±0. 036a	1. 273±0. 0218b	33. 440±2. 198a
	22	–b	0c	–b
	28	–b	0c	–b

注：同列不同小写字母表示平均值间差异显著（P<0. 05）。

Note: Means with different lowcase letters indicate significant differences at 0. 05 level within same column.

3. 控制劣变处理对不同含水量燕麦种子呼吸速率的影响

燕麦种子经过控制劣变（45℃，48 h）处理后，随着含水量的增加，燕麦种子的 RGT 呈现出延长的变化（表 5–4）。4%、10%含水量种子 RGT 间无显著性差异（P>0. 05），16%、22%含水量种子的 RGT 显著高于 4%、10%含水量种子的 RGT（P<0. 05），28%含水量种子 RGT 无限延长。随着含水量的增加，燕麦种子的 OMR 减弱。4%～22%含水量种子 OMR 间无显著性差异（P>0. 05），28%含水量种子的 OMR 最低，为 0%。随着含水量的增加，燕麦种子的 IMT 逐渐增加，4%含水量种子的 IMT 显著低于其他水分处理的 IMT（P<0. 05），10%～22%含水量种子 IMT 间无显著性差异（P>0. 05），28%含水量种子的 IMT 无限延长。

未经劣变处理燕麦种子（CK）发芽率测定结果显示（表 5–4），随着含水量的增加，燕麦种子的 RGT 呈现逐渐增加的趋势。4%～22%含水量种子的 RGT 无显著性差异（P>0. 05），28%含水量 RGT 最高，并显著高于其他种子样品（P<0. 05）。随着含水量的增加，燕麦种子的 OMR 减弱，4%～16%含水量种子 OMR 间无显著性差异（P>0. 05）。22%含水量种子的 OMR 显著低于 4%～16%含水量（P<0. 05），但显著高于 28%含水量种子的 OMR（P<0. 05）。28%含水量种子的 OMR 最低。燕麦种子 IMT 随着含水量的增加而逐渐增加，4%、10%含水量种子

的 IMT 显著低于其他水分处理的 IMT（$P<0.05$），16%～28%含水量种子的 IMT 逐渐递增，并且存在显著性差异（$P<0.05$）。

表 5-4 控制劣变对不同含水量燕麦种子呼吸速率的影响

Table 5-4 Effect of controlled deterioration on single seed respiratory of oat seed with different moisture content

劣变处理 Deterioration treatments	种子含水量（%） Seed moisture content（%）	RGT（h）	OMR（% oxygen/h）	IMT（h）
45℃，48h	4	57.683±2.030b	1.831±0.098a	6.067±0.027b
	10	59.213±2.205b	1.749±0.178a	7.987±0.179a
	16	63.823±1.084a	1.642±0.061a	7.521±0.194a
	22	62.188±1.903a	1.688±0.185a	8.113±0.105a
	28	–b	0b	–b
对照 CK	4	55.68±2.326b	2.000±0.092a	16.007±1.019d
	10	58.793±2.786b	1.943±0.115a	17.103±1.621d
	16	61.453±2.023b	1.911±0.119a	22.467±1.478c
	22	63.673±0.286b	1.633±0.069b	29.027±1.626b
	28	207.98±1.336a	0.907±0.018c	39.223±2.665a

注：同列不同小写字母表示平均值间差异显著（$P<0.05$）。

Note: Means with different lowcase letters indicate significant differences at 0.05 level within same column.

在 4%～22%含水量种子中，燕麦种子劣变处理与对照间的 RGT、OMR 相差小（表 5-4），当含水量为 28%时，控制劣变处理种子的 RGT 无限延长、OMR 降为 0%。在 4%～22%含水量时，控制劣变处理种子的 IMT 低于对照种子，而在 28%含水量时，则正相反。

第三节　贮藏时间、温度对不同含水量燕麦种子超氧阴离子产生速率的影响

一、试验方法

试验材料同上，参照 Elstne 与 Heupel（1976）方法，取经处理的种子胚 400 mg，在液氮中研磨之后用 5 μL/mg 的 50 mmol/L 的 pH 值 7.8 磷酸缓冲液中提取，斡旋震荡为匀浆，将匀浆在 16 000r/min 下离心 20 min。取上清液按上述方法再次离心。离心后取上清液 1 mL 加入 0.9 mL 提取缓冲溶液和 0.1 mL 10 mmol/L 盐酸羟胺，充分混匀，25℃中反应 1 h。取出反应后溶液，依次加入 1 mL 17 mmol/L 对氨基苯磺酸（与亚硝酸根的重氮化反应）和 1 mL 7 mmol/L α-萘胺（偶氮反应），25℃中反应 20 min。取反应液于可见分光光度计上测定 530 nm 处吸光光度值。用标准亚硝酸钠（$NaNO_2$）溶液（0~25 μmol/L）与对氨基苯磺酸和 α-萘胺反应建立标准曲线。

系列浓度 $NaNO_2$ 液的配制：取 25 μmol/L $NaNO_2$ 母液，分别稀释成 5 μmol/L、10 μmol/L、15 μmol/L、20 μmol/L、和 25 μmol/L 的标准稀释液。取 6 只试管，编 0~5 号，0 号加蒸馏水 1 mL，1~5 号分别加 5 μmol/L、10 μmol/L、15 μmol/L、20 μmol/L、和 25 μmol/L 的标准稀释液 1 mL，然后各管再加 50 mmol/L 磷酸缓冲溶液（pH 值 7.8）1 mL，17 mmol/L 对氨基苯磺酸 1 mL，7 mmol/L α-萘胺 1 mL，置于 25℃中显色 20 min 后，以 0 号管做对照，在 530 nm 波长下测定吸光度（A）值。以 1~5 号管亚硝酸跟（NO_2^-）浓度为横坐标，吸光光度值为纵坐标，绘制标准曲线。

计算公式：

$O_2\cdot^-$产生速率（μmol/粒种子/min）= 从标准曲线查得 NO_2^-（μmol）×提取液总量（L）×2/种子数（粒）×测定时提取液用量（L）×反应时间（min）

二、结果与分析

1. 室温贮藏 6~18 个月对不同含水量燕麦种子超氧阴离子（$O_2\cdot^-$）产生速

率的影响

在室温贮藏条件下，经过 6 个月贮藏，燕麦种子 $O_2 \cdot^-$ 产生速率随着含水量的增加呈现上升的变化（图 5-4）。含水量 4%、10%种子 $O_2 \cdot^-$ 产生速率最低，且显著低于其余种子样品（$P<0.05$），在含水量 16%~28%时种子 $O_2 \cdot^-$ 产生速率上升，三者之间无显著性差异（$P>0.05$）。

经过 12 个月室温贮藏，燕麦种子 $O_2 \cdot^-$ 产生速率随着含水量的增加呈现下降趋势（图 5-4）。4%~22%含水量的种子 $O_2 \cdot^-$ 产生速率间差异不显著（$P>0.05$），但显著高于含水量 28%种子 $O_2 \cdot^-$ 产生速率（$P<0.05$）。

经过 18 个月室温贮藏，燕麦种子 $O_2 \cdot^-$ 产生速率随着含水量的增加呈现先上升后下降的趋势（图 5-4）。含水量 4%的种子 $O_2 \cdot^-$ 产生速率显著低于 10%、16%含水量种子（$P<0.05$），同时显著高于 22%、28%含水量种子 $O_2 \cdot^-$ 产生速率（$P<0.05$）；含水量 10%、16%燕麦种子 $O_2 \cdot^-$ 产生速率显著高于其余各种子样品（$P<0.05$），且二者之间无显著性差异（$P>0.05$）；含水量 22%、28%时，种子 $O_2 \cdot^-$ 产生速率显著下降，且二者之间存在显著性差异（$P<0.05$）。

燕麦种子含水量为 4%~16%时，在室温下贮藏种子 $O_2 \cdot^-$ 产生速率随着贮藏时间的延长而逐渐增加（图 5-4）。除 16%含水量时，贮藏 6 个月与 12 个月种子的 $O_2 \cdot^-$ 产生速率无显著性差异（$P>0.05$）外，在其他相同含水量情况下，贮藏不同时间之间种子 $O_2 \cdot^-$ 产生速率存在显著性差异（$P<0.05$）。含水量为 22%、28%时，种子 $O_2 \cdot^-$ 产生速率呈现相反趋势。

2. 低温贮藏 6~18 个月对不同含水量燕麦种子 $O_2 \cdot^-$ 产生速率的影响

在低温贮藏条件下，经过 6 个月贮藏，燕麦种子 $O_2 \cdot^-$ 产生速率随着含水量的增加呈现上升的变化（图 5-5）。含水量 4%种子 $O_2 \cdot^-$ 产生速率最低，且显著低于其余种子样品（$P<0.05$）。含水量 10%~22%时种子 $O_2 \cdot^-$ 产生速率上升，三者之间无显著性差异（$P>0.05$），但是显著低于 28%的燕麦种子 $O_2 \cdot^-$ 产生速率（$P<0.05$），含水量为 28%的燕麦种子 $O_2 \cdot^-$ 产生速率为最高。

经过 12 个月低温贮藏，燕麦种子 $O_2 \cdot^-$ 产生速率随着含水量的增加变化幅度小（图 5-5）。含水量为 4%~28%的种子 $O_2 \cdot^-$ 产生速率无显著性差异（$P>$

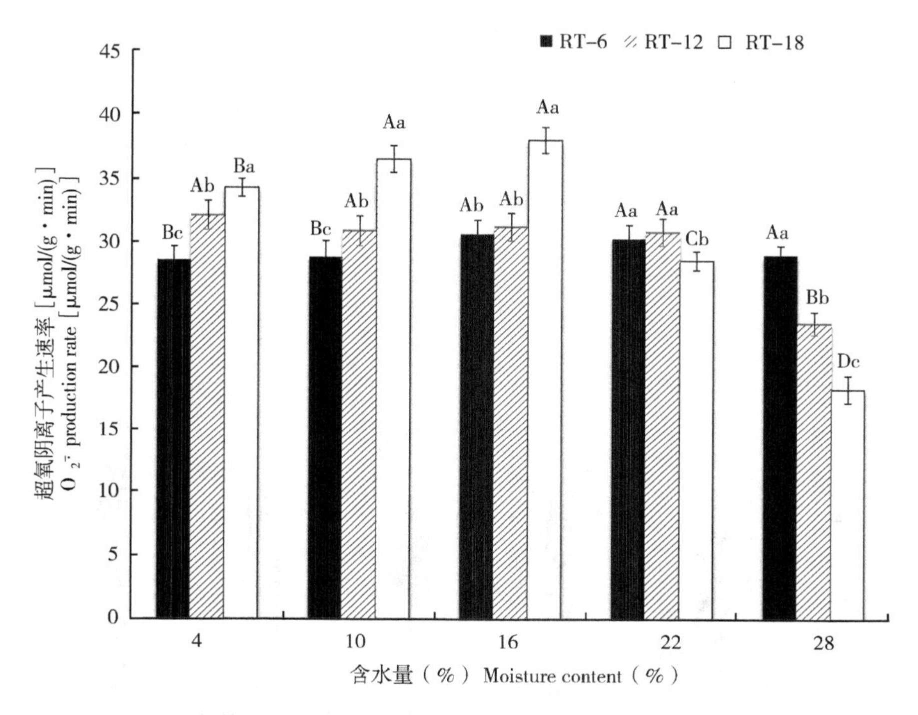

图 5-4　室温条件下贮藏时间对不同含水量燕麦种子O_2·⁻产生速率的影响

Fig. 5-4　Effect of storage duration on O_2·⁻ production rate of oat seed with different moisture content under the storing condition of room temperature

注：不同大写字母表示相同贮藏时间内不同含水量燕麦种子 O_2·⁻产生速率差异显著（$P<0.05$），不同小写字母表示相同含水量不同贮藏时间燕麦种子 O_2·⁻产生速率差异显著（$P<0.05$），下同。

Note: The different letters indicate significant differences at 0.05 level among treatments as determined by the Duncan's multiple range test. Means with different capital letters indicate the significant differences of seed at different moisture content and same storage duration, and with different lowcase letters at the same moisture content and different storage duration, the same as below.

0.05）。

经过 18 个月低温贮藏，燕麦种子 O_2·⁻产生速率随着含水量的增加呈上升趋势（图 5-5）。含水量 4%的种子 O_2·⁻产生速率显著低于其余含水量种子（$P<0.05$），含水量为 10%～28%时，种子 O_2·⁻产生速率差异不显著（$P>$

0.05）。

相同含水量燕麦种子，在低温下贮藏 $O_2\cdot^-$ 产生速率随着贮藏时间的延长而逐渐增加（图 5-5）。除 4%含水量贮藏 12 个月与贮藏 18 个月，28%含水量贮藏 6 个月与贮藏 12 个月种子的 $O_2\cdot^-$ 产生速率无显著性差异（$P>0.05$），相同含水量情况下，贮藏不同月份之间种子 $O_2\cdot^-$ 产生速率存在显著性差异（$P<0.05$）。

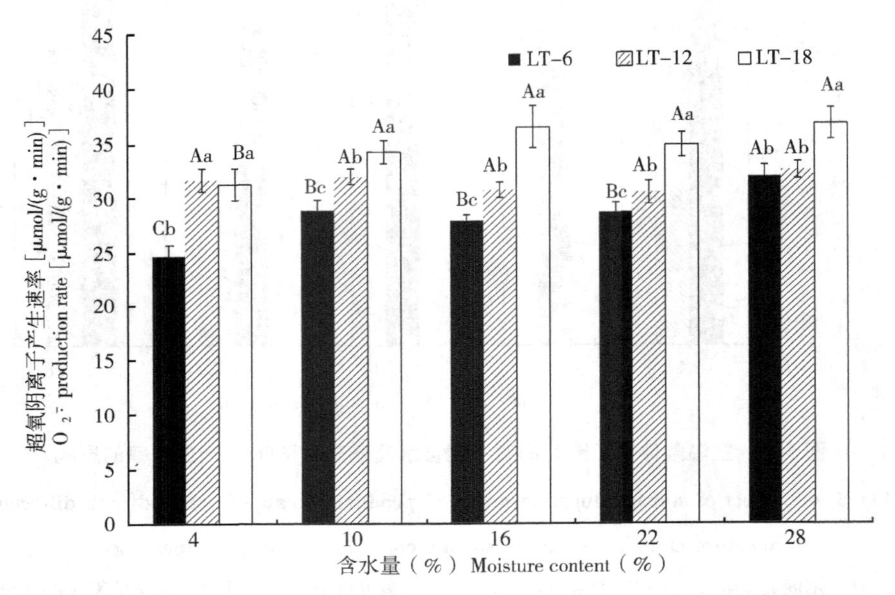

图 5-5　低温条件下贮藏时间对不同含水量燕麦种子 $O_2\cdot^-$ 产生速率的影响

Fig. 5-5　Effect of storage duration on $O_2\cdot^-$ production rate of oat seed with different moisture content under the storing condition of low temperature

3. 控制劣变处理对燕麦种子 $O_2\cdot^-$ 产生速率的影响

燕麦种子经过控制劣变（45℃，48 h）处理后，随着含水量的增加，燕麦种子 $O_2\cdot^-$ 产生速率呈现显著上升趋势（图 5-6）。含水量为 4%～16%的种子 $O_2\cdot^-$ 产生速率显著低于其余含水量种子 $O_2\cdot^-$ 产生速率（$P<0.05$），在含水量 22%时种子 $O_2\cdot^-$ 产生速率上升，与其他含水量种子间存在显著性差异（$P<0.05$），含

水量为28%的燕麦种子 $O_2\cdot^-$产生速率显著高于其他种子样品（$P<0.05$），含水量为28%的燕麦种子 $O_2\cdot^-$产生速率为最高。

未经劣变处理（CK）燕麦种子 $O_2\cdot^-$产生速率测定结果显示（图5-6），随着含水量的增加，燕麦种子 $O_2\cdot^-$产生速率呈现上升趋势。含水量为4%~22%的种子 $O_2\cdot^-$产生速率间差异不显著（$P>0.05$），且均显著低于28%含水量种子 $O_2\cdot^-$产生速率（$P<0.05$）。

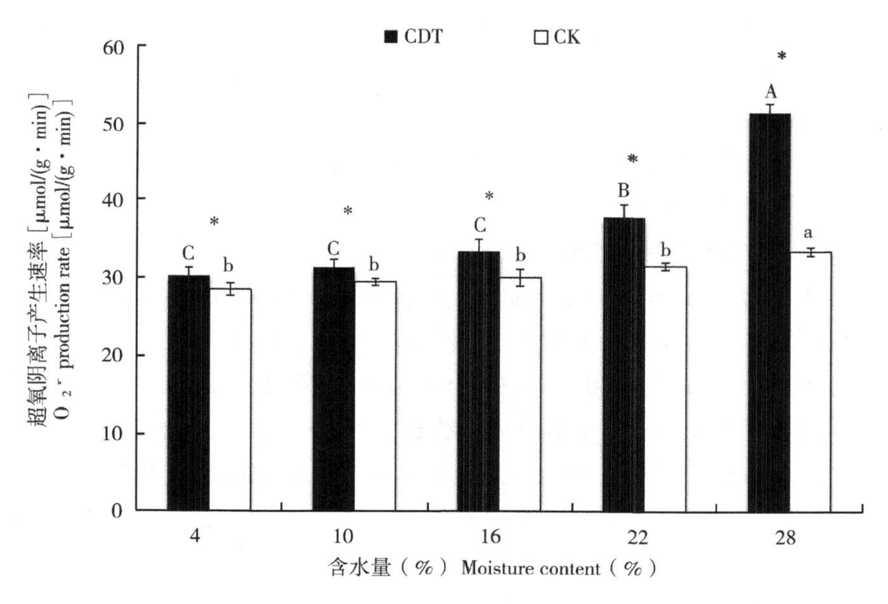

图5-6　控制劣变处理对不同含水量燕麦种子 $O_2\cdot^-$产生速率的影响

Fig. 5-6　Effect of controlled deterioration treatment on $O_2\cdot^-$ production rate of oat seed with different moisture content

相同含水量情况下，控制劣变处理燕麦种子 $O_2\cdot^-$产生速率显著高于CK种子（$P<0.05$）。

第四节　贮藏时间、温度对不同含水量燕麦种子过氧化氢含量的影响

一、试验方法

试验材料同上，取经处理的种子胚 200 mg，在液氮中研磨之后用 10 μL/mg 的预冷丙酮进行提取，斡旋震荡为匀浆，将匀浆在 18 000 r/min 下离心 10 min，上清液为提取液。取上清液 1 mL 于试管中，加入 0.1 mL 10%四氯化钛，0.2 mL 浓氨水，放置 5 min，轻摇后，在 3 000 r/min 下离心 10 min，弃上清液。加入 2 mL 浓硫酸于沉淀中，溶解后于 415 nm 波长下测定吸光光度值。用不同浓度 H_2O_2 与四氯化钛、浓氨水反应建立标准曲线。

系列浓度 H_2O_2 溶液的配制：取 100 μmol/L H_2O_2 母液，分别稀释成 10 μmol/L、20 μmol/L、40 μmol/L、60 μmol/L、80 μmol/L 和 100 μmol/L 的标准稀释液。取 7 只试管，编 0～6 号，0 号加预冷丙酮 1 mL，1～6 号分别加 10 μmol/L、20 μmol/L、40 μmol/L、60 μmol/L、80 μmol/L 和 100 μmol/L 的标准稀释液 1 mL，然后各管加入 0.1 mL 10%四氯化钛，0.2 mL 浓氨水，放置 5 min，轻摇后，在 3 000 r/min 下离心 10 min，弃上清液。加入 2 mL 浓硫酸于沉淀中，溶解后以 0 号管做对照，在 415 nm 波长下测定吸光光度值。以 1～6 号 H_2O_2 浓度为横坐标，吸光光度值为纵坐标，绘制标准曲线。

计算公式：

$$H_2O_2\text{ 含量（μmol/g）} = \frac{C \times V_t}{V_1 \times F_w}$$

式中：C 为标曲上查得样品中 H_2O_2 浓度（μmol）；V_t 为样品提取液总量（mL）；V_1 为测定用量（mL）；F_w 为所用种子重量（g）。

二、结果与分析

1. 室温贮藏 6～18 个月对不同含水量燕麦种子 H_2O_2 含量的影响

在室温贮藏条件下，燕麦种子经过 6 个月贮藏，随着含水量的增加，燕麦种

子 H_2O_2 含量呈现上升趋势（图 5-7）。含水量为 4%的种子 H_2O_2 含量最低，显著低于其余种子样品（$P<0.05$），在含水量 10%～28%时种子 H_2O_2 含量上升，且相互间均存在显著性差异（$P<0.05$），28%含水量的燕麦种子 H_2O_2 含量最高。

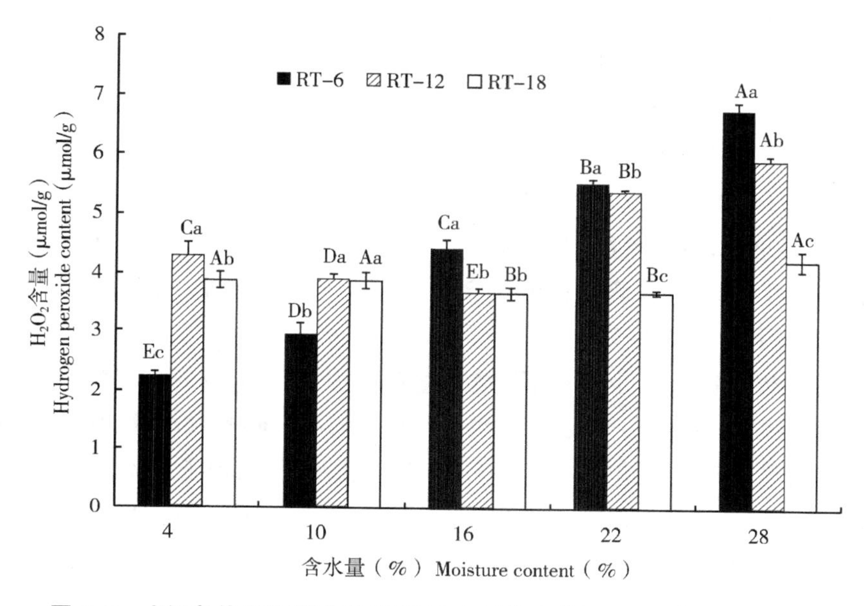

图 5-7　室温条件下贮藏时间对不同含水量燕麦种子 H_2O_2 含量的影响

Fig. 5-7　Effect of storage duration on H_2O_2 content of oat seed with different moisture content under the storing condition of room temperature

注：不同大写字母表示相同贮藏时间内不同含水量燕麦种子 H_2O_2 含量差异显著（$P<0.05$），不同小写字母表示相同含水量不同贮藏时间燕麦种子 H_2O_2 含量差异显著（$P<0.05$），下同。

Note: The different letters indicate significant differences at 0.05 level among treatments as determined by the Duncan's multiple range test. Means with different capital letters indicate the significant differences of seed at different moisture content and same storage duration, and with different lowcase letters at the same moisture content and different storage duration, the same as below.

经过 12 个月室温贮藏，随着含水量的增加，燕麦种子 H_2O_2 含量呈现先下降后上升的趋势（图 5-7）。含水量 4%～16%的燕麦种子 H_2O_2 含量下降，三者间存在显著性差异（$P<0.05$），当含水量升高至 22%时，H_2O_2 含量上升，并显著

高于含水量4%~16%种子的 H_2O_2 含量（$P<0.05$），同时显著低于28%含水量种子的 H_2O_2 含量（$P<0.05$）。

经过18个月室温贮藏，随着含水量的增加，燕麦种子 H_2O_2 含量呈现先下降后上升的趋势（图5-7）。含水量为4%、10%的种子 H_2O_2 含量显著高于16%、22%含水量（$P<0.05$），含水量为28%时，燕麦种子 H_2O_2 含量上升，但与4%、10%含水量的燕麦种子 H_2O_2 含量无显著性差异（$P>0.05$）。

含水量为4%燕麦种子在室温下贮藏12个月 H_2O_2 含量最高，显著高于6个月及18个月贮藏（$P<0.05$），含水量为10%燕麦种子室温贮藏12个月与18个月差异不显著（$P>0.05$），但显著高于6个月贮藏（$P<0.05$），16%含水量时，贮藏12个月种子 H_2O_2 含量最低，含水量为22%、28%时，H_2O_2 含量随着贮藏时间延长而下降（图5-7）。

2. 低温贮藏6~18个月对不同含水量燕麦种子 H_2O_2 含量的影响

在低温贮藏条件下，燕麦种子经过6个月贮藏，随着含水量的增加，燕麦种子 H_2O_2 含量呈现上升趋势（图5-8）。含水量为4%的种子 H_2O_2 含量最低，显著低于其余种子样品（$P<0.05$），在含水量10%时种子 H_2O_2 含量上升，显著低于16%~28%含水量种子 H_2O_2 含量（$P<0.05$），16%~28%含水量的燕麦种子 H_2O_2 含量没有显著性差异（$P>0.05$）。

经过12个月低温贮藏，随着含水量的增加，燕麦种子 H_2O_2 含量呈现上升趋势（图5-8）。含水量为4%的种子 H_2O_2 含量最低，显著低于其余种子样品（$P<0.05$），在含水量10%时种子 H_2O_2 含量上升，显著低于16%~28%含水量种子的 H_2O_2 含量（$P<0.05$），16%~28%含水量的燕麦种子 H_2O_2 含量没有显著性差异（$P>0.05$）。

经过18个月贮藏，随着含水量的增加，燕麦种子 H_2O_2 含量呈现上升趋势（图5-8）。含水量为4%的种子 H_2O_2 含量最低，显著低于其余种子样品（$P<0.05$），在含水量10%时种子 H_2O_2 含量上升，显著低于16%~28%含水量种子 H_2O_2 含量（$P<0.05$），16%~22%含水量的燕麦种子 H_2O_2 含量没有显著性差异（$P>0.05$），28%含水量燕麦种子 H_2O_2 含量显著高于其余含水量种子（$P<0.05$）。

含水量为4%、10%的燕麦种子随着贮藏时间的延长 H_2O_2 含量上升（图5-8）。16%、22%含水量时，种子 H_2O_2 含量经过不同时间的贮藏，并无显著性差异（$P>0.05$），当含水量增加到28%时，种子 H_2O_2 含量在贮藏18个月时突然升高，且具有显著性差异（$P<0.05$）。

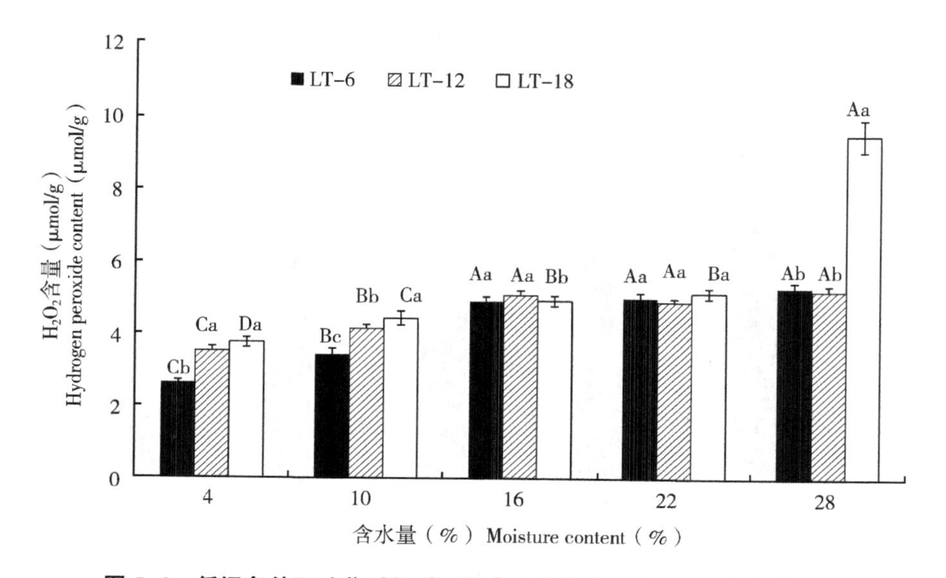

图5-8　低温条件下贮藏时间对不同含水量燕麦种子 H_2O_2 含量的影响

Fig. 5-8　Effect of storage duration on H_2O_2 content of oat seed with different moisture content under the storing condition of low temperature

3. 控制劣变对燕麦种子 H_2O_2 含量的影响

燕麦种子经过控制劣变（45℃，48 h）处理后，随着含水量的增加，燕麦种子 H_2O_2 含量呈现先下降后上升趋势（图5-9）。含水量为4%的种子 H_2O_2 含量最高，显著高于其余种子样品（$P<0.05$），在含水量10%～22%时种子 H_2O_2 含量较低，并且种子 H_2O_2 含量没有显著性差异（$P>0.05$），但均显著低于28%含水量种子 H_2O_2 含量（$P<0.05$）。

未经劣变处理燕麦种子（CK）发芽率测定结果显示（图5-9），随着含水量的增加，燕麦种子 H_2O_2 含量呈现上升趋势。含水量为4%～22%的种子 H_2O_2 含量间差异不显著（$P>0.05$），且均显著低于28%含水量的种子 H_2O_2 含量（$P<0.05$）。

在4%含水量时，控制劣变处理后燕麦种子 H_2O_2 含量显著高于 CK（$P>0.05$），含水量为10%~28%时，控制劣变与 CK 处理种子 H_2O_2 含量间无显著性差异（$P>0.05$，图5-9）。

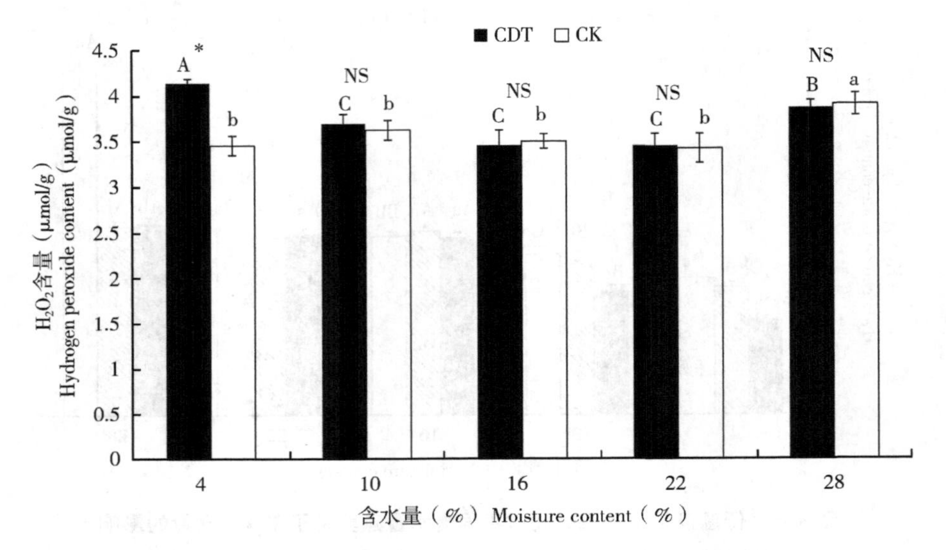

图5-9 控制劣变处理对不同含水量燕麦种子 H_2O_2 含量的影响

Fig. 5-9 Effect of controlled deterioration treatment on H_2O_2 content of oat seed with different moisture content

第五节　贮藏时间、温度对不同含水量燕麦种子自由基清除酶活性的影响

一、试验方法

1. SOD 的测定

参照 Beaucham 和 Fridovic（1971）方法，取经处理的种子胚 200 mg，在液氮中研磨之后用 10 μL/mg 的 50 mmol/L 的 pH 值 7.0 磷酸缓冲液中提取，斡旋震荡为匀浆，将匀浆在 4℃，15 000 r/min 下离心 20 min。在测样过程中取两个样品作为对照，在较暗的光下加入 1.5 mL 反应液和 12.5 μL 上清液，两个对照的材料以缓冲液代替酶液，混合均匀后将对照中的一个放在暗处，其他样品在光培养箱进行光照反应 17 min，25℃。以遮光的空白管调“0”，于 560 nm 下进行光密度测定，计算 SOD 活性（u）。

$$\text{SOD 活性（u/g）}=(A_0-A_s)\times V_T(A_0\times 0.5\times W_F\times V_1)^{-1}$$

式中：A_0 为照光对照管的光吸收值；A_s 为样品管的光吸收值；V_T 为 样液总体积（mL）；V_1 为测定时样品用量（mL）；W_F 为样品鲜重（g）。

2. APX 的测定

取经处理的种子胚 200 mg，在液氮中研磨之后用 10 μL/mg 的 50 mmol/L 的 pH 值 7.0 磷酸缓冲液中提取，斡旋震荡为匀浆，将匀浆在 4℃，15 000 r/min 下离心 20 min。25 mmol/L 的磷酸缓冲液（pH 值 7.0）170 μL 反应体系中，先加入 10 μL H_2O_2，再加入 10 μL 抗坏血酸，最后加入 10 μL 上清液，测定 A_{290} 的动力学变化。取其中 1 min 的动力学变化计算酶促反应速率。以 1 min 内 A_{290} 减少 0.1 的酶量为一个酶活单位，生物学重复 3 次，技术重复 3 次。结果计算方法如下：

$$\text{APX 活性}[\text{u/(g·min)}]=\Delta A_{290}\times V_T\times(0.1\times V_S\times t\times W_F)^{-1}$$

式中：V_T 为粗酶提取液总体积（mL）；V_S 为测定用粗酶液体积（mL）；W_F 为样品鲜重（g）；t 为加 H_2O_2 到最后一次读数时间。

3. CAT 的测定

取经处理的种子胚 200 mg，在液氮中研磨之后用 10 μL/mg 的 50 mmol/L 的 pH 值 7.0 磷酸缓冲液中提取，斡旋震荡为匀浆，将匀浆在 4℃，15 000 r/min 下离心 20 min。25 mmol/L 的磷酸缓冲液（pH 值 7.0，含 0.1 mmol/L 的 EDTA）170 μL 反应体系中，先加入 20 μL H_2O_2，然后加入 10 μL 上清液。测定 A_{240} 的动力学变化。取其中 1 min 的动力学变化计算酶促反应速率。以 1 min 内 A_{240} 减少 0.1 的酶量为一个酶活单位，生物学重复 3 次，技术重复 3 次。结果计算方法如下：

CAT 活性 [u/(g · min)] $= \triangle A_{240} \times V_T \times (0.1 \times V_S \times t \times W_F)^{-1}$

式中：V_T 为粗酶提取液总体积（mL）；V_S 为测定用粗酶液体积（mL）；W_F 为样品鲜重（g）；t 为加 H_2O_2 到最后一次读数时间。

二、结果与分析

（一）贮藏时间、温度对不同含水量燕麦种子 SOD 活性的影响

1. 室温贮藏 6~18 个月对不同含水量燕麦种子 SOD 活性的影响

在室温贮藏条件下，燕麦种子经过 6 个月贮藏，随着含水量的增加，种子 SOD 活性呈现先下降再上升趋势（图 5-10）。含水量为 10%的种子 SOD 活性最低，显著低于其余种子样品（$P<0.05$），4%含水量的种子 SOD 活性与含水量为 16%的燕麦种子 SOD 活性无显著差异（$P>0.05$），在含水量 16%~28%时种子 SOD 活性上升，三者之间均存在显著性差异（$P<0.05$），28%含水量的燕麦种子 SOD 活性最高。

经过 12 个月室温贮藏，随着含水量的增加，燕麦种子 SOD 活性呈现下降趋势（图 5-10）。含水量为 4%的燕麦种子 SOD 活性最高，显著高于 10%、16%燕麦种子 SOD 活性（$P<0.05$），而 10%、16%燕麦种子 SOD 活性显著高于 22%、28%含水量的 SOD 活性（$P<0.05$）。

经过 18 个月室温贮藏，随着含水量的增加，燕麦种子 SOD 活性呈现下降趋势（图 5-10）。含水量为 4%的燕麦种子 SOD 活性最高，显著高于 10%、16%燕麦种子 SOD 活性（$P<0.05$），而 10%、16%燕麦种子 SOD 活性显著高于 22%、

28%含水量的 SOD 活性（$P<0.05$）。

含水量为 4%、10%的燕麦种子在室温下贮藏 6 个月、12 个月及 18 个月后 SOD 活性无显著性差异（$P>0.05$），种子含水量为 16%~28%时，贮藏 6 个月的 SOD 活性显著高于贮藏 12 个月、贮藏 18 个月的种子 SOD 活性（$P<0.05$）。

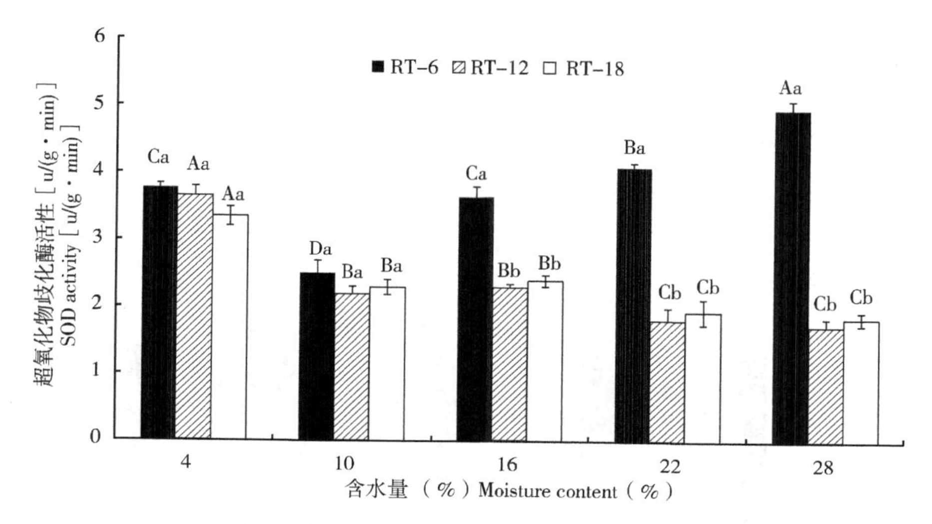

图 5-10　室温条件下贮藏时间对不同含水量燕麦种子 SOD 活性的影响

Fig. 5-10　Effect of storage duration on SOD activity of oat seed with different moisture content under the storing condition of room temperature

注：不同大写字母表示相同贮藏时间内不同含水量燕麦种子 SOD 活性差异显著（$P<0.05$），不同小写字母表示相同含水量不同贮藏时间燕麦种子 SOD 活性差异显著（$P<0.05$），下同。

Note: The different letters indicate significant differences at 0.05 level among treatments as determined by the Duncan's multiple range test. Means with different capital letters indicate the significant differences of seed at different moisture content and same storage duration, and with different lowcase letters at the same moisture content and different storage duration, the same as below.

2. 低温贮藏 6~18 个月对不同含水量燕麦种子 SOD 活性的影响

在低温贮藏条件下，燕麦种子经过 6 个月、12 个月贮藏（图 5-11），随着含水量的增加，燕麦种子 SOD 活性没有显著性差异（$P>0.05$）。

经过 18 个月低温贮藏，随着含水量的增加，燕麦种子 SOD 活性呈现下降趋势（图 5-11）。含水量为 4%的燕麦种子 SOD 含量最高，显著高于 10%含水量（$P<0.05$），而 10%燕麦种子 SOD 活性显著高于 16%～28%含水量的 SOD 活性（$P<0.05$）。

含水量为 4%的燕麦种子 SOD 活性贮藏 18 个月显著高于贮藏 6 个月、12 个月（$P<0.05$）（图 5-11），贮藏 6 个月与贮藏 12 个月差异不显著（$P>0.05$）。含水量为 10% 种子，随着贮藏时间延长，种子 SOD 活性无显著性差异（$P>0.05$）。种子含水量为 16%～28%时，贮藏 6 个月及 12 个月的 SOD 活性显著高于贮藏 18 个月的种子 SOD 活性（$P<0.05$）。

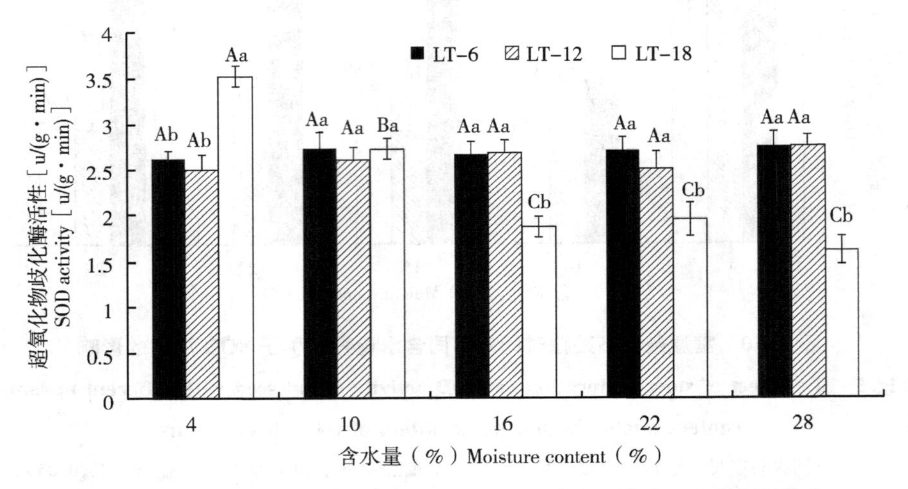

图 5-11　低温条件下贮藏时间对不同含水量燕麦种子 SOD 活性的影响

Fig. 5-11　Effect of storage duration on SOD activity of oat seed with different moisture content under the storing condition of low temperature

3. 控制劣变对燕麦种子 SOD 活性的影响

燕麦种子经过控制劣变（45℃，48 h）处理后，随着含水量的增加，燕麦种子 SOD 活性没有显著性差异（$P>0.05$）（图 5-12）。

未经劣变处理燕麦种子（CK）发芽率测定结果显示（图 5-12），随着含水量的增加，燕麦种子 SOD 活性没有显著性差异（$P>0.05$）。

含水量在 4%～28%时，控制劣变处理后种子 SOD 活性显著低于 CK（$P<$

0.05，图 5-12）。

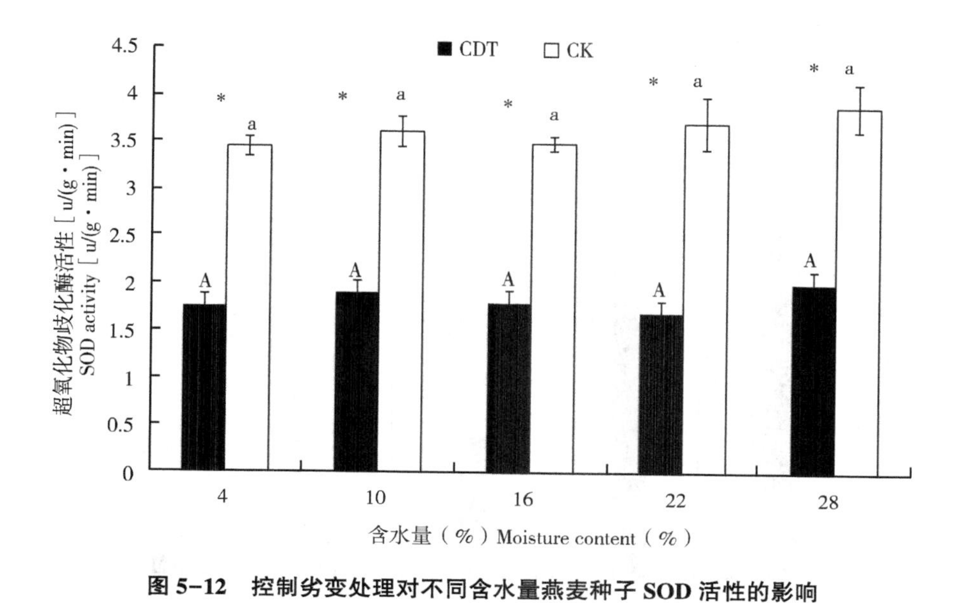

图 5-12 控制劣变处理对不同含水量燕麦种子 SOD 活性的影响

Fig. 5-12 Effect of controlled deterioration treatment on SOD activity of oat seed with different moisture content

（二）贮藏时间、温度对不同含水量燕麦种子 CAT 活性的影响

1. 室温贮藏 6~18 个月对不同含水量燕麦种子 CAT 活性的影响

在室温贮藏条件下，燕麦种子经过 6 个月贮藏，随着含水量的增加，燕麦种子 CAT 活性呈现下降趋势（图 5-13）。含水量为 4%的种子 CAT 活性最高，28%含水量的种子 CAT 活性最低，且不同含水量种子 CAT 活性差异显著（$P<0.05$）。

经过 12 个月室温贮藏，随着含水量的增加，燕麦种子 CAT 活性呈现先上升后下降趋势（图 5-13）。10%含水量燕麦种子 CAT 活性最高，28%含水量的种子 CAT 活性最低，且不同含水量种子 CAT 活性差异显著（$P<0.05$）。

经过 18 个月室温贮藏，随着含水量的增加，燕麦种子 CAT 活性也呈现先上升后下降趋势（图 5-13）。10%含水量燕麦种子 CAT 活性最高，28%含水量的种子 CAT 活性最低，且不同含水量种子 CAT 活性差异显著（$P<0.05$）。

含水量为4%种子CAT活性随着贮藏时间延长而下降（图5-13），10%~28%含水量燕麦种子CAT活性均在贮藏12个月时出现最高峰。

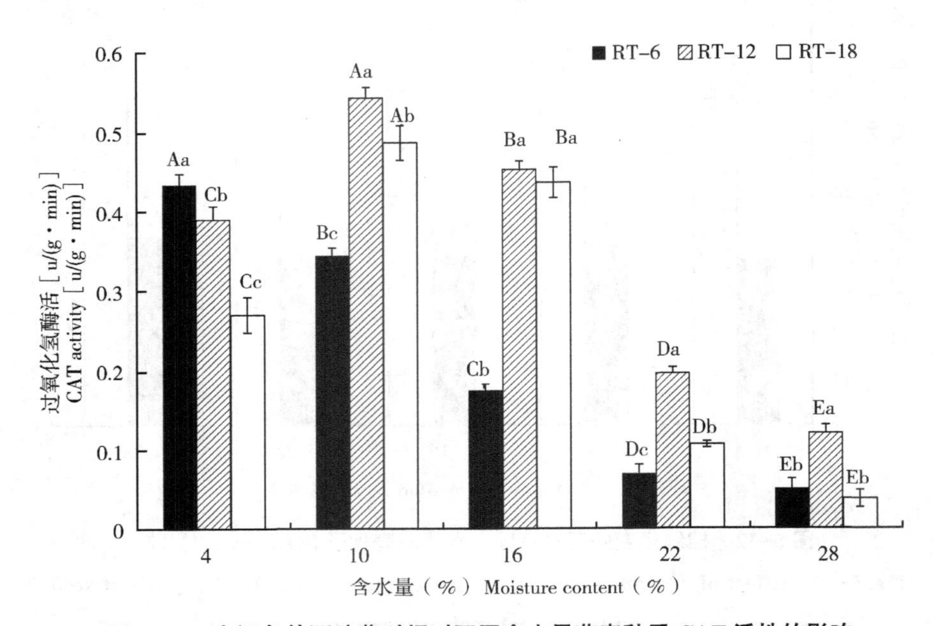

图5-13 室温条件下贮藏时间对不同含水量燕麦种子CAT活性的影响

Fig. 5-13 Effect of storage duration on CAT activity of oat seed with different moisture content under the storing condition of room temperature

注：不同大写字母表示相同贮藏时间内不同含水量燕麦种子CAT活性差异显著（P<0.05），不同小写字母表示相同含水量不同贮藏时间燕麦种子CAT活性差异显著（P<0.05），下同。

Note: The different letters indicate significant differences at 0.05 level among treatments as determined by the Duncan's multiple range test. Means with different capital letters indicate the significant differences of seed at different moisture content and same storage duration, and with different lowcase letters at the same moisture content and different storage duration, the same as below.

2. 低温贮藏6~18个月对不同含水量燕麦种子CAT活性的影响

在低温贮藏条件下，燕麦种子经过6个月贮藏，随着含水量的增加，种子CAT活性呈现先上升后下降趋势（图5-14）。含水量为4%~16%的种子CAT活性随着含水量的增加而上升，三者间存在显著性差异（P<0.05），并且显著高于

22%、28%种子样品（$P<0.05$），22%、28%含水量的种子 CAT 活性间无差异显著性（$P>0.05$）。

经过 12 个月低温贮藏，随着含水量的增加，燕麦种子 CAT 活性呈现下降趋势（图 5-14）。含水量为 4%~16%的种子 CAT 活性显著高于 22%、28%种子样品（$P<0.05$），且 4%~16%含水量种子 CAT 活性无显著性差异（$P>0.05$），22%、28%含水量种子的 CAT 活性无显著性差异（$P>0.05$）。

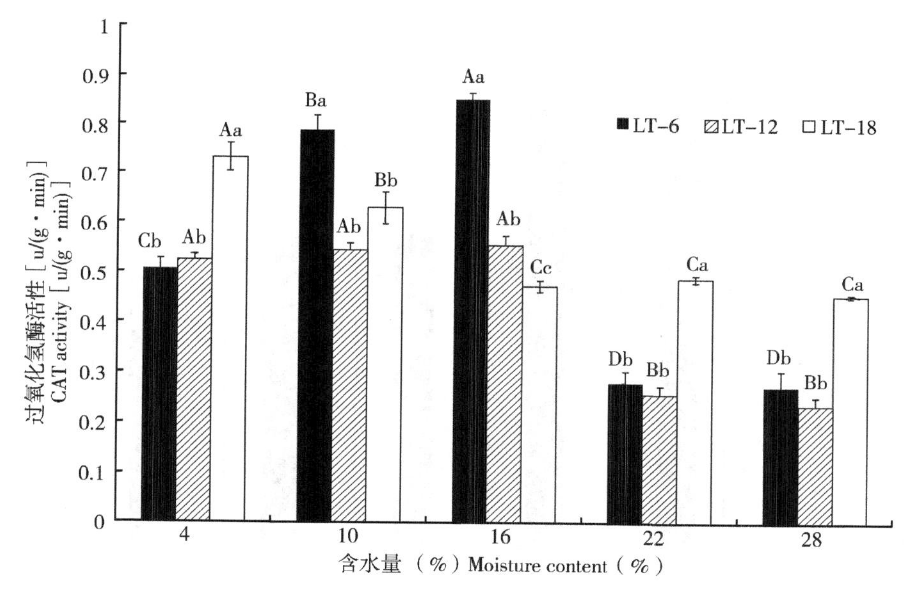

图 5-14　低温条件下贮藏时间对不同含水量燕麦种子 CAT 活性的影响

Fig. 5-14　Effect of storage duration on CAT activity of oat seed with different moisture content under the storing condition of low temperature

经过 18 个月低温贮藏，随着含水量的增加，燕麦种子 CAT 活性呈现下降趋势（图 5-14）。含水量为 4%的燕麦种子 CAT 活性最高，显著高于其他含水量燕麦种子 CAT 活性（$P<0.05$），16%~28%含水量燕麦种子 CAT 活性显著低于 10%含水量燕麦种子 CAT 活性（$P<0.05$），且三者之间不存在显著性差异（$P>0.05$）。

含水量为 4%、22%及 28%的种子 CAT 活性随着贮藏时间延长而上升（图 5-

14)，10%、16%含水量燕麦种子 CAT 则随着贮藏时间延长而下降。

3. 控制劣变对燕麦种子 CAT 活性的影响

燕麦种子经过控制劣变（45℃，48 h）处理后，随着含水量的增加，种子 CAT 活性下降（图 5-15），4%、10%含水量燕麦种子 CAT 活性显著高于 16%、22%含水量燕麦种子 CAT 活性（$P<0.05$），而 28%含水量燕麦种子 CAT 活性最低。

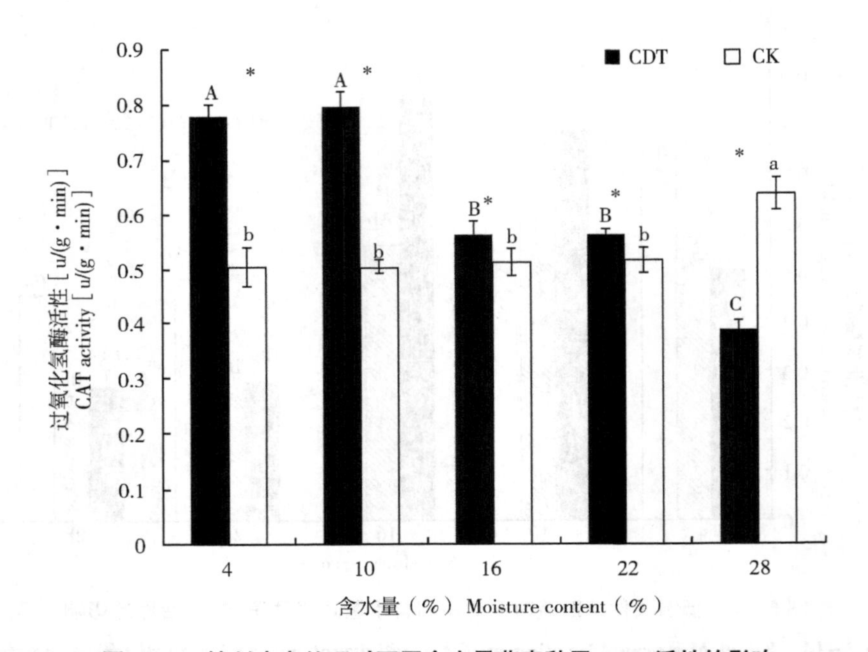

图 5-15　控制劣变处理对不同含水量燕麦种子 CAT 活性的影响

Fig. 5-15　Effect of controlled deterioration treatment on CAT activity of oat seed with different moisture content

未经劣变处理（CK）燕麦种子 CAT 活性测定结果显示（图 5-15），随着含水量的增加，燕麦种子 CAT 活性上升，含水量为 4%~22%时，燕麦种子 CAT 活性没有显著差异（$P>0.05$），但显著低于 28%含水量时种子 CAT 活性（$P<0.05$）。

含水量为 4%~22%时，控制劣变处理的燕麦种子 CAT 活性显著高于 CK

($P<0.05$)，28%含水量时，则相反（图 5-15）。

（三）贮藏时间、温度对不同含水量燕麦种子 APX 活性的影响

1. 室温贮藏 6~18 个月对不同含水量燕麦种子 APX 活性的影响

在室温贮藏条件下，燕麦种子经过 6 个月贮藏，随着含水量的增加，燕麦种子 APX 活性呈现先下降再上升最后下降的变化（图 5-16）。含水量为 4%的种子 APX 活性最高，显著高于其余种子样品（$P<0.05$），16%、22%含水量种子 APX 活性间无显著性差异（$P>0.05$），但显著高于 28%含水量种子的 APX 活性（$P<0.05$）。10%含水量种子 APX 活性显著高于 28%含水量种子 APX 活性（$P<0.05$），但显著低于其余含水量种子 APX 活性（$P<0.05$）。

经过 12 个月室温贮藏，随着含水量的增加，燕麦种子 APX 活性呈现下降趋势（图 5-16）。4%和 10%含水量种子 APX 活性间无显著差异（$P>0.05$），但是显著高于 16%、22%含水量种子 APX 活性（$P<0.05$），28%含水量的种子 APX 活性最低。

经过 18 个月室温贮藏，随着含水量的增加，种子 APX 活性呈现先上升后下降趋势（图 5-16）。含水量为 10%的种子 APX 活性最高，显著高于其他含水量种子 APX 活性（$P<0.05$），22%、28%含水量燕麦种子 APX 活性降至最低，且二者之间无显著性差异（$P>0.05$）。

含水量为 4%、16%~28%种子 APX 活性随着贮藏时间延长而显著下降（图 5-16），10%含水量燕麦种子 APX 活性在贮藏 18 个月时最高。

2. 低温贮藏 6~18 个月对不同含水量燕麦种子 APX 活性的影响

在低温贮藏条件下，燕麦种子经过 6 个月贮藏，随着含水量的增加，燕麦种子 APX 活性呈现先下降再上升最后下降的变化（图 5-17）。含水量为 4%、16%的种子 APX 活性最高，显著高于其余种子样品（$P<0.05$），10%含水量种子 APX 活性显著高于 28%含水量种子的 APX 活性（$P<0.05$），但是显著低于 22%含水量种子的 APX 活性（$P<0.05$）。

经过 12 个月低温贮藏，随着含水量的增加，种子 APX 活性呈现先下降再上升最后下降的变化（图 5-17）。含水量为 4%、16%的种子 APX 活性最高，显著高于其余种子样品（$P<0.05$），10%含水量种子 APX 活性显著高于 28%含水量

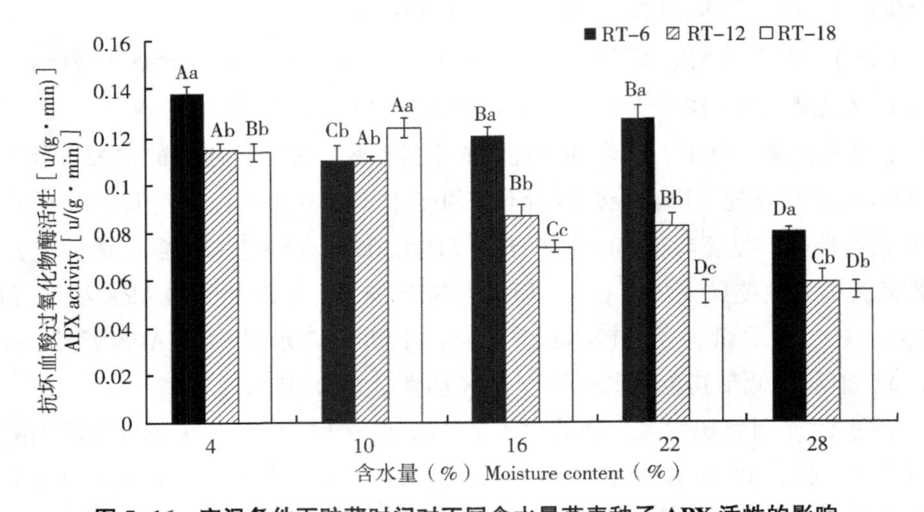

图 5-16　室温条件下贮藏时间对不同含水量燕麦种子 APX 活性的影响

Fig. 5-16　Effect of storage duration on APX activity of oat seed with different moisture content under the storing condition of room temperature

注：不同大写字母表示相同贮藏时间内不同含水量燕麦种子 APX 活性差异显著（$P<0.05$），不同小写字母表示相同含水量不同贮藏时间燕麦种子 APX 活性差异显著（$P<0.05$），下同。

Note: The different letters indicate significant differences at 0.05 level among treatments as determined by the Duncan's multiple range test. Means with different capital letters indicate the significant differences of seed at different moisture content and same storage duration, and with different lowcase letters at the same moisture content and different storage duration, the same as below.

的种子 APX 活性（$P<0.05$），但是显著低于 22%含水量种子 APX 活性（$P<0.05$）。

经过 18 个月低温贮藏，随着含水量的增加，种子 APX 活性呈现先下降再上升最后下降的变化（图 5-17）。含水量为 16%的种子 APX 活性最高，显著高于其余种子样品（$P<0.05$），4%含水量种子 APX 活性显著高于 10%、22%、28%含水量种子的 APX 活性（$P<0.05$），28%含水量种子 APX 活性最低。

含水量为 10%、16%以及 28%的种子 APX 活性随着贮藏时间延长而上升（图 5-17），4%、22%含水量燕麦种子 APX 活性随着贮藏时间延长下降。

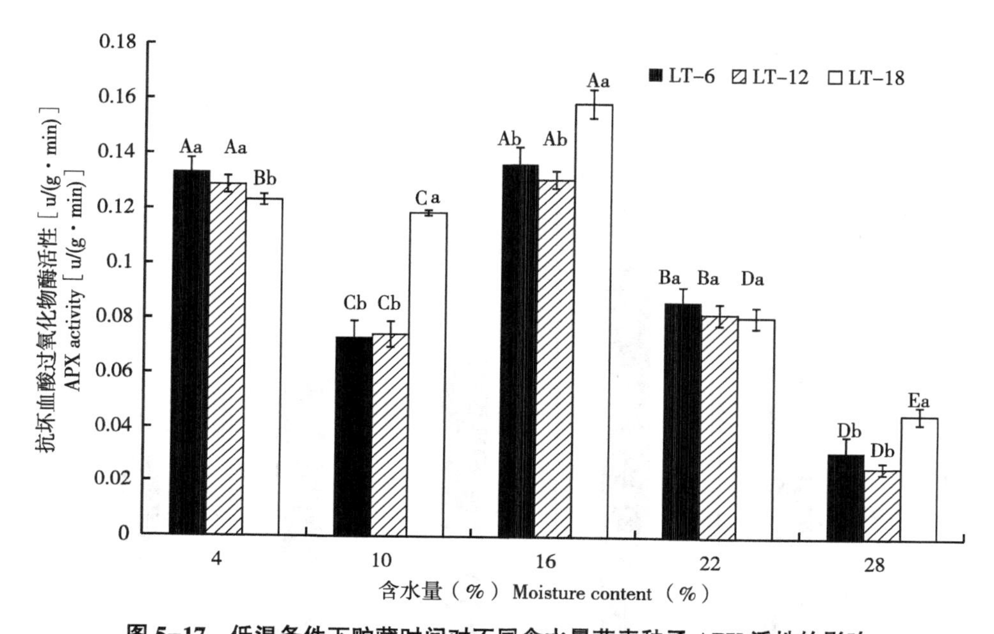

图 5-17　低温条件下贮藏时间对不同含水量燕麦种子 APX 活性的影响

Fig. 5-17　Effect of storage duration on APX activity of oat seed with different moisture content under the storing condition of low temperature

3. 控制劣变对燕麦种子 APX 活性的影响

燕麦种子经过控制劣变（45℃，48 h）处理后，随着含水量的增加，种子 APX 活性先上升后下降（图 5-18），10%含水量种子 APX 活性最高，显著高于其他含水量种子 APX 活性（P<0.05），4%与 16%含水量种子 APX 活性无显著性差异（P>0.05），但显著高于 22%、28%含水量（P<0.05），28%含水量 APX 活性最低，与 22%含水量存在显著差异（P<0.05）。

未经劣变处理（CK）燕麦种子 APX 测定结果显示（图 5-18），随着含水量的增加，燕麦种子 APX 活性先上升后下降，10%含水量燕麦种子 APX 活性最高，显著高于其他含水量种子 APX 活性（P<0.05），10%～28%含水量种子 APX 活性呈现逐级递减，且均存在显著性差异（P<0.05）。

含水量在 4%时，控制劣变燕麦种子 APX 活性显著高于 CK（P<0.05），16%、22%含水量时，则相反（图 5-18）。10%与 28%含水量时，二者没有显著

性差异（$P>0.05$）。

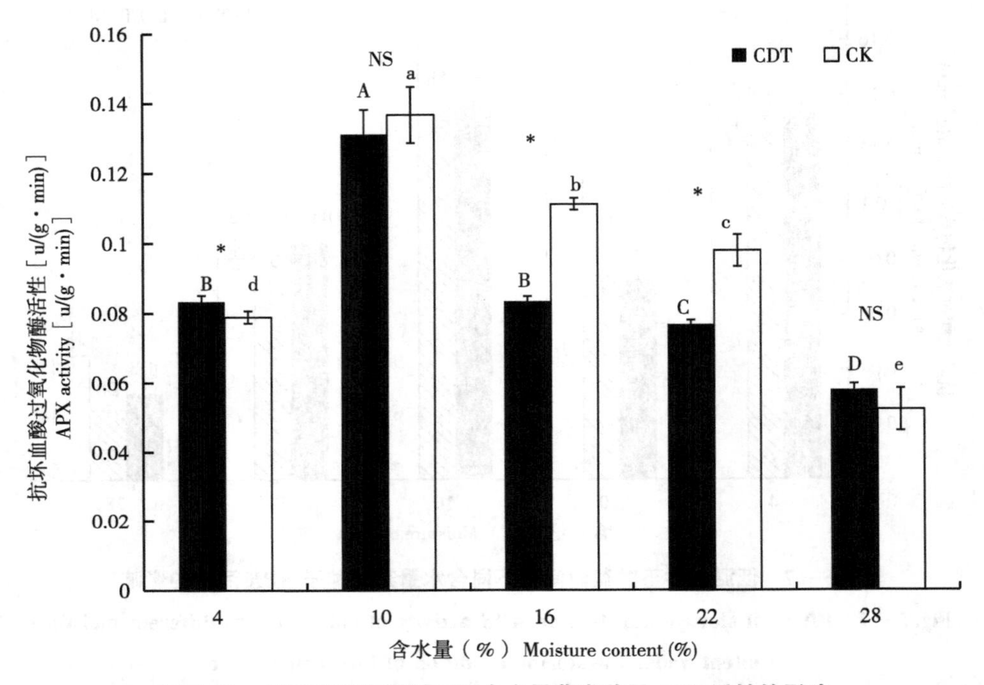

图 5-18 控制劣变处理对不同含水量燕麦种子 APX 活性的影响

Fig. 5-18 Effect of controlled deterioration treatment on APX activity of oat seed with different moisture content

第六节 贮藏时间、温度对不同含水量燕麦种子抗坏血酸含量的影响

一、试验方法

试验材料同上，取经处理的种子胚 200 mg，在液氮中研磨之后用 5 μL/mg 的 5%三氯乙酸进行提取，斡旋震荡为匀浆，将匀浆在 4 000r/min 下离心 10 min，上清液为提取液。取上清液 200 μL 于试管中，加入 5%三氯乙酸，200

μL 乙醇摇匀，再依次加入 100 μL 0.4%的磷酸乙醇溶液，200 μL 0.5%红菲咯啉乙醇溶液，100 μL 0.03%三氯化铁乙醇溶液，将上述溶液置于 30℃下反应 90 min，测定 534 nm 处吸光光度值。

制作标准曲线配制浓度为 2 mg/L、4 mg/L、6 mg/L、8 mg/L、10 mg/L、12 mg/L 和 14 mg/L 的抗坏血酸标准液。取各浓度标准液 200 μL 于试管中，加入 5%三氯乙酸，200 μL 乙醇摇匀，再依次加入 100 μL 0.4%的磷酸乙醇溶液，200 μL 0.5%红菲咯啉乙醇溶液，100 μL 0.03%三氯化铁乙醇溶液，将上述溶液置于 30℃下反应 90 min，测定 534 nm 处吸光光度值。以抗坏血酸浓度为横坐标，534 nm 吸光光度值为纵坐标绘制标准曲线 。

计算公式：

$$抗坏血酸含量（mg/g）= C\times（V/a）/W$$

式中：C 为提取液中抗坏血酸浓度（mg），由标准曲线求得；V 为提取液总体积（mL）；a 为测定时所吸取的体积（mL）；W 为样品重（g）。

二、结果与分析

1. 室温贮藏 6~18 个月对不同含水量燕麦种子抗坏血酸（ASA）含量的影响

在室温贮藏条件下，燕麦种子经过 6 个月贮藏，随着含水量的增加，种子 AsA 含量呈现下降趋势（图 5-19）。含水量为 4%的种子 AsA 含量最高，显著高于其余种子样品（$P<0.05$），10%、16%含水量种子 AsA 含量无显著差异（$P>0.05$），但显著高于 22%、28%含水量的种子（$P<0.05$）。

经过 12 个月室温贮藏，随着含水量的增加，燕麦种子 AsA 含量呈现先下降后上升趋势（图 5-19）。4%与 10%含水量的燕麦种子 AsA 含量间无显著差异（$P>0.05$），但显著高于 16%~28%含水量种子的 AsA 含量（$P<0.05$），22%含水量的燕麦种子 AsA 含量最低，与 16%、28%含水量的燕麦种子 AsA 含量间具有显著性差异（$P<0.05$）。

经过 18 个月室温贮藏，随着含水量的增加，燕麦种子 AsA 含量呈现下降趋势（图 5-19）。4%~16%含水量的燕麦种子 AsA 含量显著高于其他含水量种子的 AsA 含量（$P<0.05$），并且三者之间不存在显著性差异（$P>0.05$），22%与

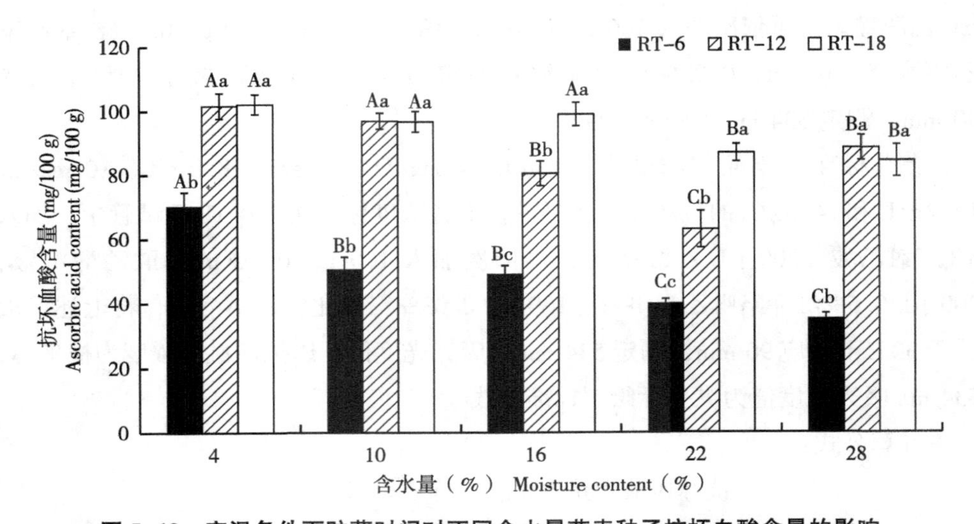

图 5-19 室温条件下贮藏时间对不同含水量燕麦种子抗坏血酸含量的影响

Fig. 5-19 Effect of storage duration on AsA content of oat seed with different moisture content under the storing condition of room temperature

注：不同大写字母表示相同贮藏时间内不同含水量燕麦种子抗坏血酸含量差异显著（$P<0.05$），不同小写字母表示相同含水量不同贮藏时间燕麦种子抗坏血酸含量差异显著（$P<0.05$），下同。

Note: The different letters indicate significant differences at 0.05 level among treatments as determined by the Duncan's multiple range test. Means with different capital letters indicate the significant differences of seed at different moisture content and same storage duration, and with different lowcase letters at the same moisture content and different storage duration, the same as below.

28%含水量燕麦种子 AsA 含量较低，且无显著性差异（$P>0.05$）。

含水量为 4%～28%种子 AsA 含量随着贮藏时间延长而上升（图 5-19）。

2. 低温贮藏 6～18 个月对不同含水量燕麦种子 AsA 含量的影响

在低温贮藏条件下，燕麦种子经过 6 个月贮藏，随着含水量的增加，种子 AsA 含量呈现先上升再下降趋势（图 5-20）。含水量为 4%～16%的种子 AsA 含量显著低于 22%种子样品（$P<0.05$），4%～16%含水量种子 AsA 含量间无显著性差异（$P>0.05$），含水量 28%的种子 AsA 含量最低。

经过 12 个月低温贮藏，随着含水量的增加，燕麦种子 AsA 含量呈现先上升再下降趋势（图 5-20）。含水量为 4%～16%的种子 AsA 含量显著低于 22%种子

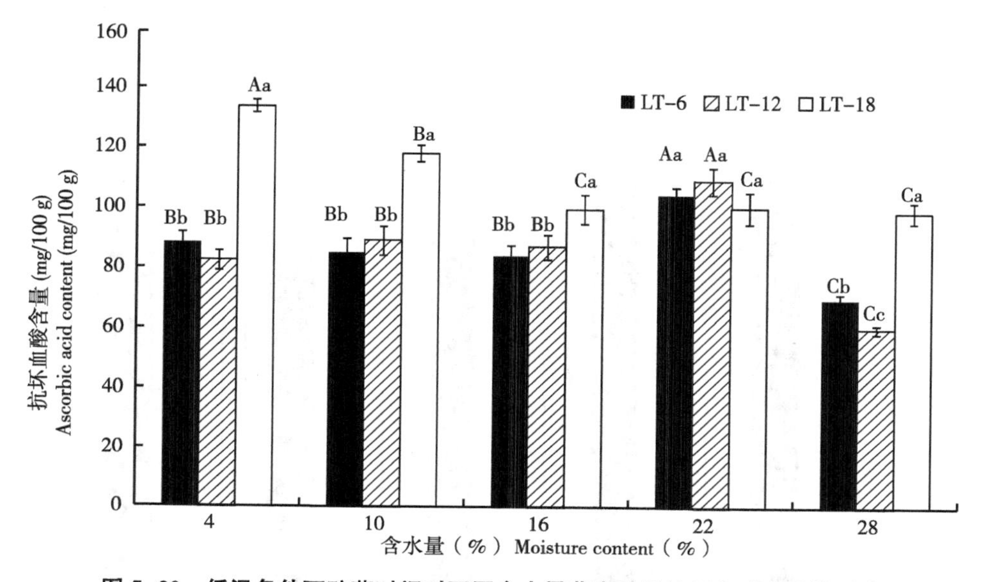

图 5-20　低温条件下贮藏时间对不同含水量燕麦种子抗坏血酸含量的影响

Fig. 5-20　Effect of storage duration on AsA content of oat seed with different moisture content under the storing condition of low temperature

样品（$P<0.05$），4%～16%含水量种子 AsA 含量间无显著性差异（$P>0.05$），28%含水量的种子 AsA 含量最低。

经过 18 个月低温贮藏，随着含水量的增加，燕麦种子 AsA 含量呈现下降趋势（图 5-20）。含水量为 4%燕麦种子 AsA 含量显著高于其他含水量燕麦种子 AsA 含量（$P<0.05$），10%含水量燕麦种子 AsA 含量显著高于 16%～28%含水量种子的 AsA 含量（$P<0.05$），16%～28%含水量种子 AsA 含量间无显著性差异（$P>0.05$）。

含水量为 4%～16%以及 28%的种子 AsA 含量随着贮藏时间延长而上升（图 5-20），22%含水量种子 AsA 含量随着贮藏时间延长没有显著变化（$P>0.05$）。

3. 控制劣变对燕麦种子 AsA 含量的影响

燕麦种子经过控制劣变（45℃，48 h）处理后，随着含水量的增加，燕麦种子 AsA 含量变化不显著（$P>0.05$，图 5-21）。

未经劣变处理（CK）燕麦种子 AsA 测定结果显示（图 5-21），随着含水量

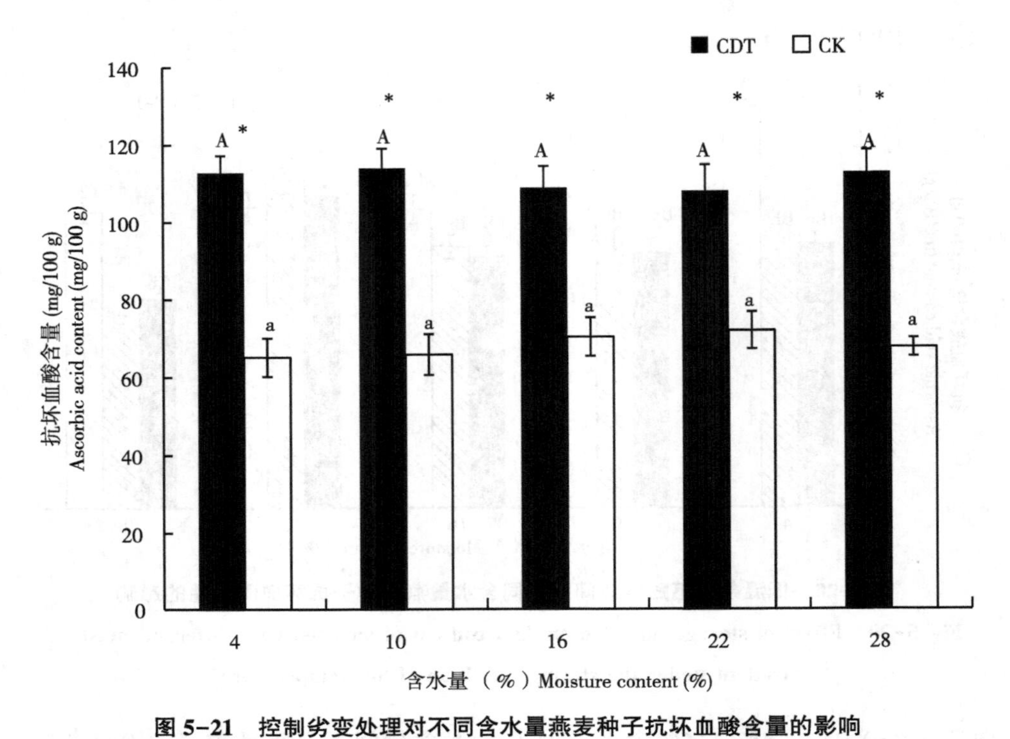

图 5-21　控制劣变处理对不同含水量燕麦种子抗坏血酸含量的影响

Fig. 5-21　Effect of controlled deterioration treatment on AsA content of oat seed with different moisture content

的增加，燕麦种子 AsA 含量变化不显著（$P>0.05$）。

含水量为 4%~28%燕麦种子经控制劣变处理后，种子 AsA 含量均显著高于 CK（$P<0.05$）。

第七节　贮藏时间、温度对不同含水量燕麦种子 MDA 含量的影响

一、试验方法

试验材料同上，取经处理的种子胚 200 mg，在液氮中研磨之后用 10 μL/mg

的5%三氯乙酸进行提取，斡旋震荡为匀浆，将匀浆在 18 000 r/min 下离心 20 min。吸取 0.6 mL 提取液于离心管中，加入 0.5 mL 0.5%硫代巴比妥酸的 5%三氯乙酸溶液，于沸水浴上加热 15 min，迅速冷却。于 12 000 r/min 下离心 20 min。取上清液于 532 nm、600 nm 波长下测定光密度，以 0.6 mL 蒸馏水及 0.5 mL 0.5%硫代巴比妥酸的 5%三氯乙酸混合液为对照。

$$\text{MDA 含量（nmol/g）}=\frac{(OD_{532}-OD_{600})\times A\times V/a}{1.55\times10^{-1}\times W}$$

式中：A 为反应液总量；V 为提取液总量；a 为测定用提取液量；W 为材料重（g）；1.55×10^{-1} 为 MDA 摩尔吸光系数。

二、结果与分析

1. 室温贮藏 6~18 个月对不同含水量燕麦种子 MDA 含量的影响

在室温贮藏条件下，燕麦种子经过 6 个月贮藏，随着含水量的增加，种子 MDA 含量呈现先下降再上升趋势（图 5-22）。含水量为 4%的种子 MDA 含量最高，与 16%含水量种子无显著性差异（$P>0.05$），但显著高于 10%含水量种子样品（$P<0.05$）。16%~28%含水量种子 MDA 含量呈现逐级递增且差异显著（$P<0.05$），28%含水量种子 MDA 含量最高。

经过 12 个月室温贮藏，随着含水量的增加，种子 MDA 含量呈现逐渐下降的趋势（图 5-22）。含水量为 4%的种子 MDA 含量最高，显著高于 10%~28%含水量种子样品（$P<0.05$），10%、16%含水量种子 MDA 含量无显著性差异（$P>0.05$），22%、28%含水量种子 MDA 含量最低且差异不显著（$P>0.05$）。

经过 18 个月室温贮藏，随着含水量的增加，种子 MDA 含量呈现逐渐下降的趋势（图 5-22）。含水量为 4%的种子 MDA 含量最高，显著高于 10%~28%含水量种子样品（$P<0.05$），10%、16%含水量种子 MDA 含量无显著性差异（$P>0.05$），22%、28%含水量种子 MDA 含量最低且差异不显著（$P>0.05$）。

含水量为 4%、16%~28%的种子 MDA 含量随着贮藏时间延长而下降，含水量为 10%时，随着贮藏时间延长变化没有显著性差异（$P>0.05$，图 5-22）。

2. 低温贮藏 6~18 个月对不同含水量燕麦种子 MDA 含量的影响

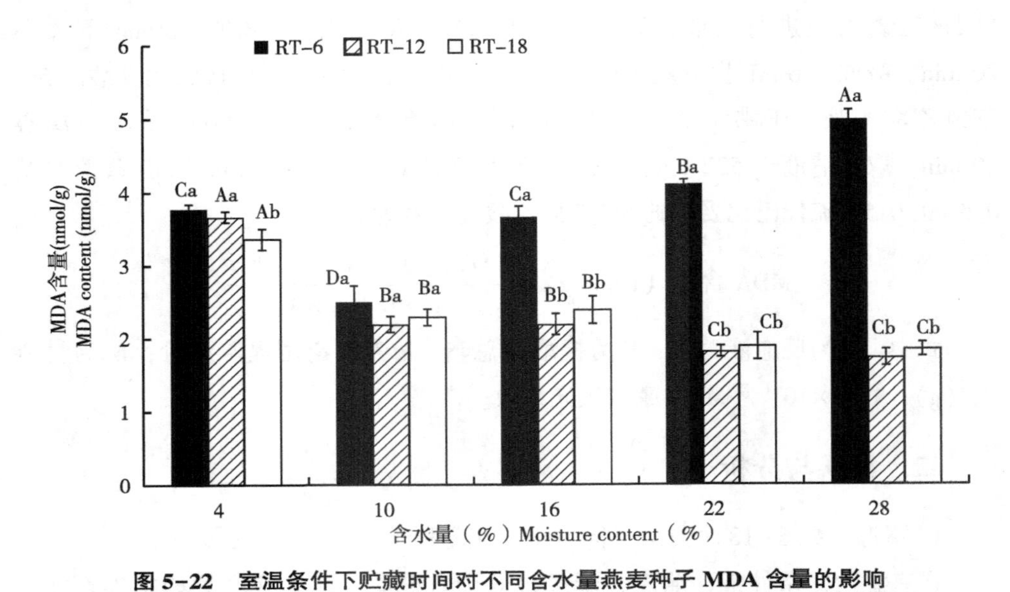

图 5-22　室温条件下贮藏时间对不同含水量燕麦种子 MDA 含量的影响

Fig. 5-22　Effect of storage duration on MDA content of oat seed with different moisture content under the storing condition of room temperature

注：不同大写字母表示相同贮藏时间内不同含水量燕麦种子 MDA 含量差异显著（P<0. 05），不同小写字母表示相同含水量不同贮藏时间燕麦种子 MDA 含量差异显著（P<0. 05），下同。

Note：The different letters indicate significant differences at 0. 05 level among treatments as determined by the Duncan's multiple range test. Means with different capital letters indicate the significant differences of seed at different moisture content and same storage duration，and with different lowcase letters at the same moisture content and different storage duration，the same as below.

在低温贮藏条件下，燕麦种子经过 6 个月贮藏，随着含水量的增加，种子 MDA 含量呈现先下降后上升趋势（图 5-23）。含水量为 4%的种子 MDA 含量显著高于 10%含水量（P<0. 05），10%含水量种子 MDA 含量最低，16%～28%含水量种子 MDA 含量达到最高，且没有显著差异（P>0. 05）。

经过 12 个月低温贮藏，随着含水量的增加，种子 MDA 含量呈现上升趋势（图 5-23）。含水量为 4%、10%的种子 MDA 含量显著低于 16%～28%含水量种子 MDA 含量（P<0. 05），16%～28%含水量种子的 MDA 含量间无显著差异（P>0. 05）。

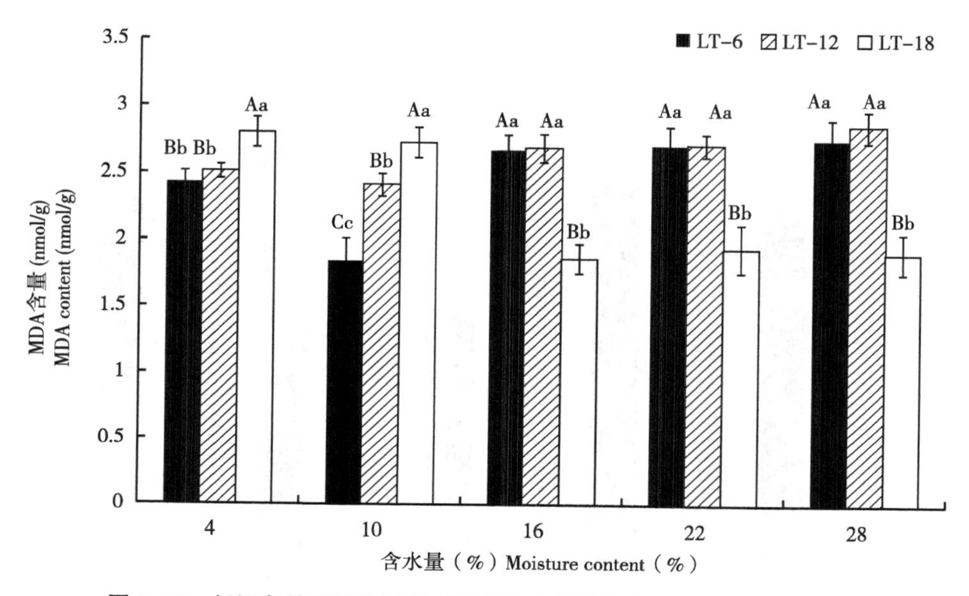

图 5-23　低温条件下贮藏时间对不同含水量燕麦种子 MDA 含量的影响

Fig. 5-23　Effect of storage duration on MDA content of oat seed with different moisture content under the storing condition of low temperature

经过 18 个月低温贮藏，随着含水量的增加，种子 MDA 含量呈现下降趋势（图 5-23）。含水量为 4%、10%的种子 MDA 含量最高，显著高于 16%~28%含水量种子 MDA 含量（$P<0.05$），16%~28%含水量种子的 MDA 含量间无显著差异（$P>0.05$）。

含水量为 4%、10%的种子 MDA 含量随着贮藏时间延长而上升，含水量为 16%~28%时，随着贮藏时间延长而下降（图 5-23）。

3. 控制劣变对燕麦种子 MDA 含量的影响

燕麦种子经过控制劣变（45℃，48 h）处理后，随着含水量的增加，MDA 含量先下降再上升（图 5-24）。16%含水量种子 MDA 含量最低，显著低于其他含水量种子（$P<0.05$），4%、10%、22%及 28%含水量的燕麦种子 MDA 含量间无显著差异（$P>0.05$）。

未经劣变处理（CK）燕麦种子 MDA 测定结果显示（图 5-24），随着含水量

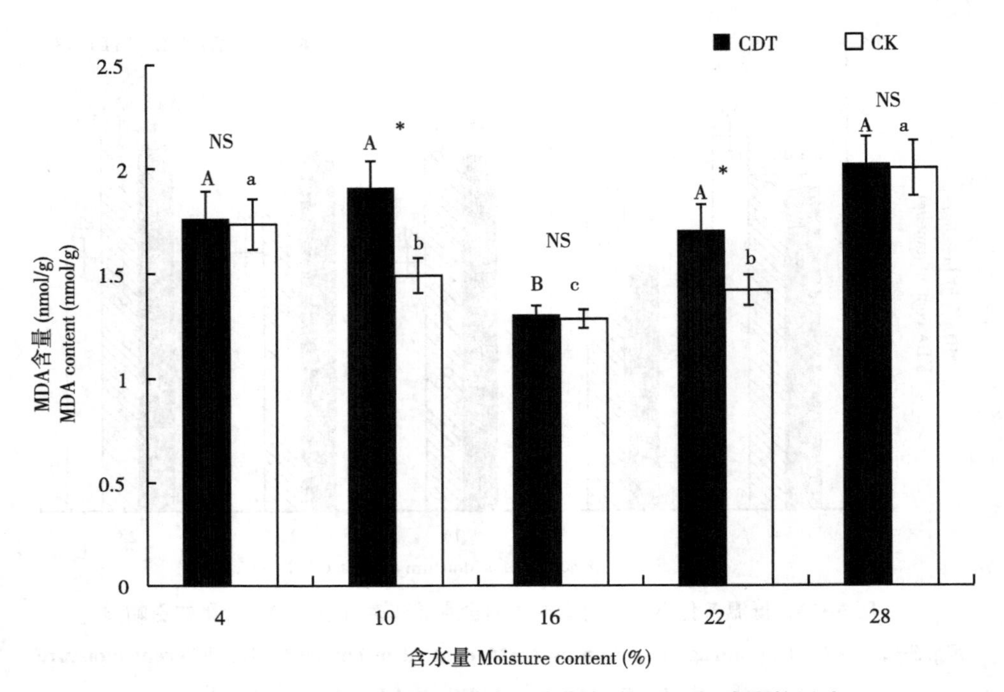

图 5-24　控制劣变处理对不同含水量燕麦种子 MDA 含量的影响

Fig. 5-24　Effect of controlled deterioration treatment on MDA content of oat seed with different moisture content

的增加，种子 MDA 含量先下降再上升。16%含水量种子 MDA 含量最低，显著低于其他含水量（$P<0.05$），10%、22%含水量的燕麦种子 MDA 含量显著高于 16%含水量（$P<0.05$），同时显著低于 4%、28%含水量种子 MDA 含量（$P<0.05$）。

含水量为 10%、22%控制劣变处理的燕麦种子 MDA 含量显著高于 CK（$P<0.05$），4%、16%及 28%含水量种子的 MDA 含量在处理间差异不显著（$P>0.05$）。

第八节 贮藏时间、温度对不同含水量燕麦种子脯氨酸含量的影响

一、试验方法

试验材料同上，取经处理的种子胚 200 mg，在液氮中研磨之后用 10 μL/mg 的 3%磺基水杨酸进行提取，斡旋震荡为匀浆，将匀浆在 18 000 r/min 下离心 5 min，上清液为提取液。取上清液 200 μL 于试管中，加入 200 μL 冰醋酸，200 μL 酸性茚三酮，于沸水浴中加热 60 min，迅速用冰冷却。加入 1 mL 甲苯，震荡后静置 5 min，于 520 nm 波长下测定上层吸光光度值。用不同脯氨酸含量与冰醋酸、酸性茚三酮反应建立标准曲线。

系列脯氨酸含量溶液的配制：取 100 μg/mL 脯氨酸母液，分别稀释成 2 μg/mL、8 μg/mL、12 μg/mL、16 μg/mL、20 μg/mL 和 24 μg/mL 的标准稀释液。取 7 只试管，编 0~6 号，0 号加蒸馏水 200 μL，1~6 号分别加 2 μg/mL、8 μg/mL、12 μg/mL、16 μg/mL、20 μg/mL 和 24 μg/mL 的标准稀释液 200 μL，加入 200 μL 冰醋酸，200 μL 酸性茚三酮，于沸水浴中加热 60 min，迅速冰却。加入 1 mL 甲苯，震荡后静置 5 min，以 0 号管做对照于 520 nm 波长下测定吸光光度值。以 1~6 号脯氨酸含量为横坐标，吸光光度值为纵坐标，绘制标准曲线。

计算公式：

$$脯氨酸（\mu g/g\ FW 或 DW）= C \times (V/a) / W$$

式中：C 为提取液中脯氨酸浓度（μg），由标准曲线求得；V 为提取液总体积（mL）；a 为测定时所吸取的体积（mL）；W 为样品重（g）。

二、结果与分析

1. 室温贮藏 6~18 个月对不同含水量燕麦种子脯氨酸含量的影响

在室温贮藏条件下，燕麦种子经过 6 个月贮藏，随着含水量的增加，种子脯氨酸含量呈现上升趋势（图 5-25）。4%~16%含水量种子脯氨酸含量低，且三者

间差异不显著（$P>0.05$），22%含水量种子脯氨酸含量显著高于4%～16%含水量种子的脯氨酸含量（$P<0.05$），28%含水量种子的脯氨酸含量达到最高，且与其他含水量种子差异显著（$P<0.05$）。

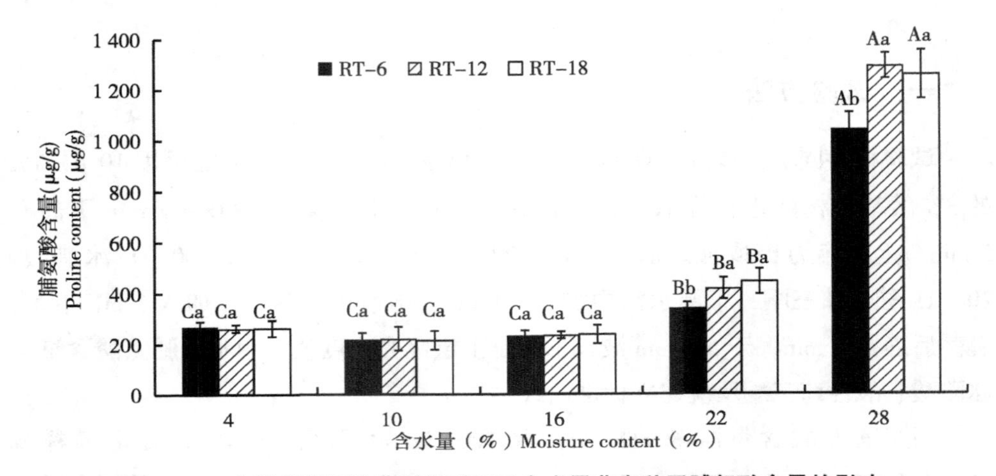

图 5-25　室温条件下贮藏时间对不同含水量燕麦种子脯氨酸含量的影响

Fig. 5-25　Effect of storage duration on proline content of oat seed with different moisture content under the storing condition of room temperature

注：不同大写字母表示相同贮藏时间内不同含水量燕麦种子脯氨酸含量差异显著（$P<0.05$），不同小写字母表示相同含水量不同贮藏时间燕麦种子脯氨酸含量差异显著（$P<0.05$），下同。

Note: The different letters indicate significant differences at 0.05 level among treatments as determined by the Duncan's multiple range test. Means with different capital letters indicate the significant differences of seed at different moisture content and same storage duration, and with different lowcase letters at the same moisture content and different storage duration, the same as below.

经过12个月室温贮藏，随着含水量的增加，种子脯氨酸含量呈现上升趋势（图5-25）。4%～16%含水量种子脯氨酸含量低，且三者间差异不显著（$P>0.05$），22%含水量种子脯氨酸含量显著高于4%～16%含水量种子的脯氨酸含量（$P<0.05$），28%含水量种子的脯氨酸含量达到最高，且与其他含水量种子差异显著（$P<0.05$）。

经过18个月室温贮藏，随着含水量的增加，种子脯氨酸含量呈现上升趋势（图5-25）。4%～16%含水量种子脯氨酸含量低，且三者间差异不显著（$P>$

0.05），22%含水量种子脯氨酸含量显著高于4%～16%含水量种子的脯氨酸含量（$P<0.05$），28%含水量种子的脯氨酸含量达到最高，且与其他含水量种子差异显著（$P<0.05$）。

含水量为4%～16%的种子脯氨酸含量随着贮藏时间延长变化不显著（$P>0.05$），含水量为22%、28%时，脯氨酸含量在贮藏12个月显著上升（$P<0.05$，图5-25）。

2. 低温贮藏6～18个月对不同含水量燕麦种子脯氨酸含量的影响

在低温贮藏条件下，燕麦种子经过6个月贮藏，随着含水量的增加，种子脯氨酸含量呈现上升趋势（图5-26）。含水量为4%的种子脯氨酸含量最低，10%、16%含水量种子脯氨酸含量无显著性差异（$P>0.05$），22%含水量种子脯氨酸含量显著高于4%～16%含水量的种子脯氨酸含量（$P<0.05$），28%含水量种子的脯氨酸含量达到最高，且与其他含水量种子差异显著（$P<0.05$）。

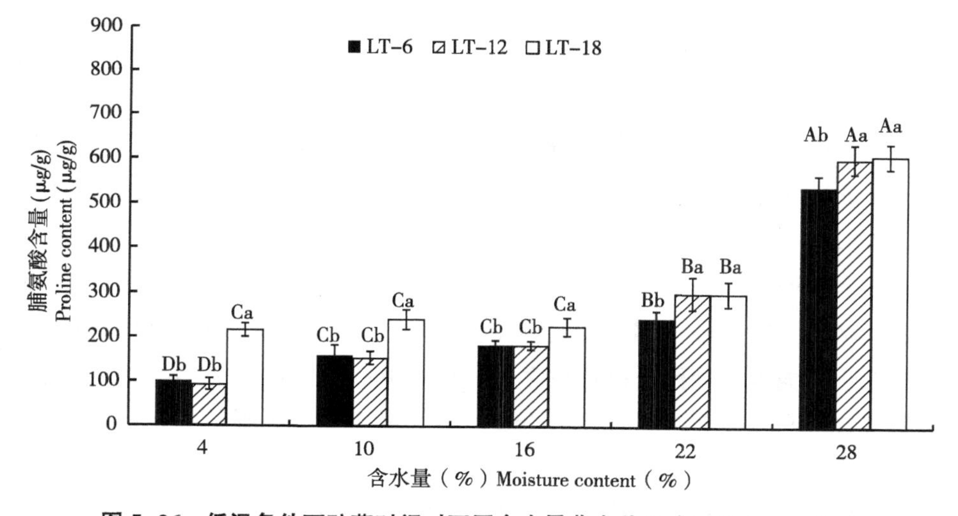

图5-26　低温条件下贮藏时间对不同含水量燕麦种子脯氨酸含量的影响

Fig. 5-26　Effect of storage duration on proline content of oat seed with different moisture content under the storing condition of low temperature

经过12个月低温贮藏，随着含水量的增加，种子脯氨酸含量呈现上升趋势（图5-26）。含水量为4%的种子脯氨酸含量最低，10%、16%含水量种子脯氨酸含量无显著性差异（$P>0.05$），22%含水量种子脯氨酸含量显著高于4%~16%含水量种子的脯氨酸含量（$P<0.05$），28%含水量种子的脯氨酸含量达到最高，且与其他含水量种子差异显著（$P<0.05$）。

经过18个月低温贮藏，随着含水量的增加，种子脯氨酸含量呈现上升趋势（图5-26）。含水量为4%~16%的种子脯氨酸含量低，且三者间无显著性差异（$P>0.05$），22%含水量种子脯氨酸含量显著提高（$P<0.05$），28%含水量种子的脯氨酸含量达到最高，且与其他含水量种子差异显著（$P<0.05$）。

含水量为4%~28%的种子脯氨酸含量随着贮藏时间延长而上升（图5-26）。4%~16%含水量时，贮藏6个月与贮藏12个月种子脯氨酸含量无显著性差异（$P>0.05$），但显著低于贮藏18个月的（$P<0.05$），22%~28%含水量时，贮藏12个月与贮藏18个月种子脯氨酸含量无显著性差异（$P>0.05$），但显著高于贮藏6个月的种子（$P<0.05$）。

3. 控制劣变对燕麦种子脯氨酸含量的影响

燕麦种子经过控制劣变（45℃，48 h）处理后，随着含水量的增加，脯氨酸含量上升（图5-27）。4%含水量种子脯氨酸含量显著低于其他含水量种子脯氨酸含量（$P<0.05$），10%~22%含水量种子脯氨酸含量间无显著差异（$P>0.05$），28%含水量种子脯氨酸含量达到最高，显著高于其他含水量种子脯氨酸含量（$P<0.05$）。

未经劣变处理（CK）燕麦种子脯氨酸含量测定结果显示（图5-27），随着含水量的增加，燕麦种子脯氨酸含量上升。4%、10%含水量时，种子脯氨酸含量显著低于其他含水量种子脯氨酸含量（$P<0.05$），16%、22%含水量的燕麦种子脯氨酸含量间无显著差异（$P>0.05$），含水量28%种子脯氨酸含量达到最高，显著高于其他含水量种子脯氨酸含量（$P<0.05$）。

4%~28%含水量种子经控制劣变处理后脯氨酸含量显著高于CK种子（$P<0.05$）。

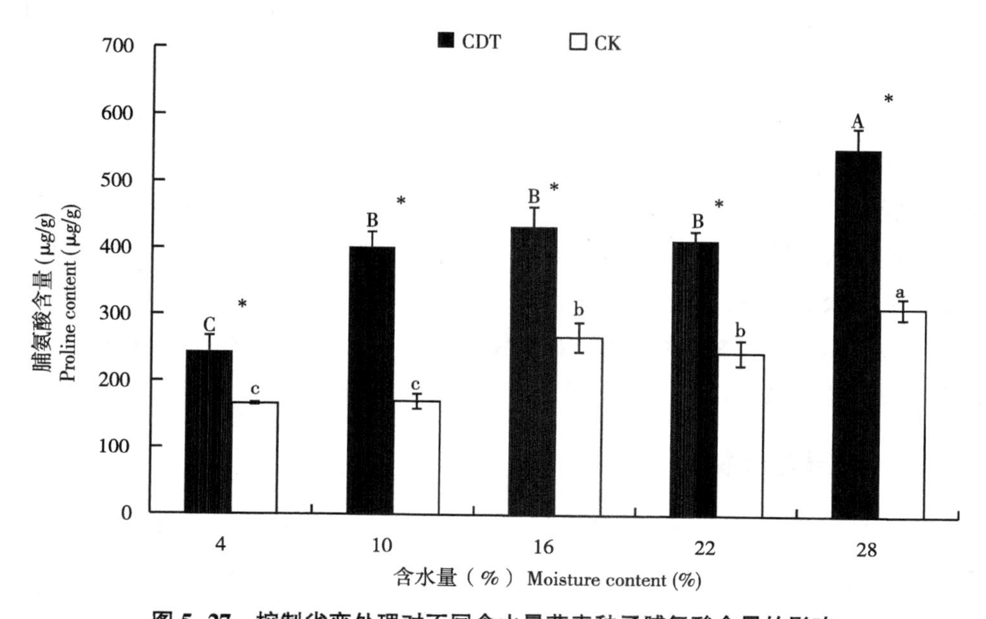

图 5-27　控制劣变处理对不同含水量燕麦种子脯氨酸含量的影响

Fig. 5-27　Effect of controlled deterioration treatment on proline content of oat seed with different moisture content

第九节　燕麦种子劣变过程中胚细胞膜系统超微结构的变化

一、试验方法

随机选取劣变后的燕麦种子，在体视显微镜下用解剖针将种胚取出后迅速浸泡在4%戊二醛固定液中。在常温下放置24 h后，转入4℃冰箱内。将种胚样品用0.1 mol/L，pH值7.2的磷酸缓冲溶液冲洗24 h后，倒净清洗液后用1%的锇酸浸泡种胚后固定2 h。然后再用上述磷酸缓冲液冲洗3次，每次15 min。冲洗后分别用30%、50%、70%、80%、90%、95%、100%乙醇溶液对样品进行逐级脱水，每级脱水15 min。而后再用无水乙醇脱水两次，每次约20 min。第二次无水乙醇脱水后，用无水丙酮置换3次，每次15 min，室温进行。然后用纯包埋液对样品浸透，在35℃温箱过夜。将浸透样品放进40℃的温箱内，将样品挑进树脂包埋剂中，用包埋剂将样品包裹。样品包埋后放入37℃的烘箱里聚合12 h。将聚合好的包埋块进行修理成四面锥形，并将包埋快顶部修成光滑的平面，为切片提供一切面。用LKB8800Ⅲ型超薄切片机将修正好的包埋块进行切片，用游丝钳夹住带膜铜网将切好的片子捞起。然后将带切片的铜网浸入醋酸铀液滴中，再迅速取出后放入柠檬酸铅液上。放置好后，置于干燥器中染色20 min。用煮沸的重蒸水洗去多余的染液，用滤纸吸干铜网上多余的水分，置于干燥器中待观察。用透射电镜（日立H-7500透射电子显微镜，日本日立公司）对样品进行观察，并拍摄相应部位的照片。

二、结果与分析

未经过水分处理及水分含水量为4%、10%的贮藏6个月的燕麦种胚细胞质膜和线粒体保持完整，并且可以清晰看到细胞核膜（图5－28、图5－30至图5-31），细胞不出现质壁分离（图5-29、图5-32）。含水量为16%的燕麦种子细胞膜及线粒体依然保持完整，但是核膜模糊（图5-33），细胞出现质壁分离现象（图5-34）。含水量为22%时质壁分离现象严重，细胞核区模糊（图5-35），线粒体发生膨胀，线粒体膜模糊，此时细胞膜尚保持一定的完整性（图5-36）。28%含水量的样品，燕麦种子细胞核区逐渐消失，质壁分离进一步加剧（图5-38），细胞膜受损，线粒体变模糊（图5-37）。含水量34%、40%细胞核质流入细胞质中，细胞内容物变稀少，出现空泡状结构，细胞间隙明显增大，细胞内细胞器解体，细胞膜进一步受损（图5-39至图5-42）。

未经过水分处理及水分含水量为4%、10%的贮藏12个月的燕麦种胚细胞质膜和线粒体保持完整，并且可以清晰看到细胞核膜，细胞不出现质壁分离（图5-43至图5-48）。含水量为16%的燕麦种子细胞膜、线粒体依然保持完整，但是核膜受损（图5-50），细胞出现质壁分离现象（图5-49）。含水量为22%时质壁分离现象严重，线粒体发生膨胀，线粒体膜模糊，此时细胞膜尚保持一定的完整性（图5-51至图5-52）。28%含水量的样品，燕麦种子细胞核区逐渐消失，质壁分离进一步加剧，细胞膜受损，线粒体变模糊（图5-53至图5-54）。含水量

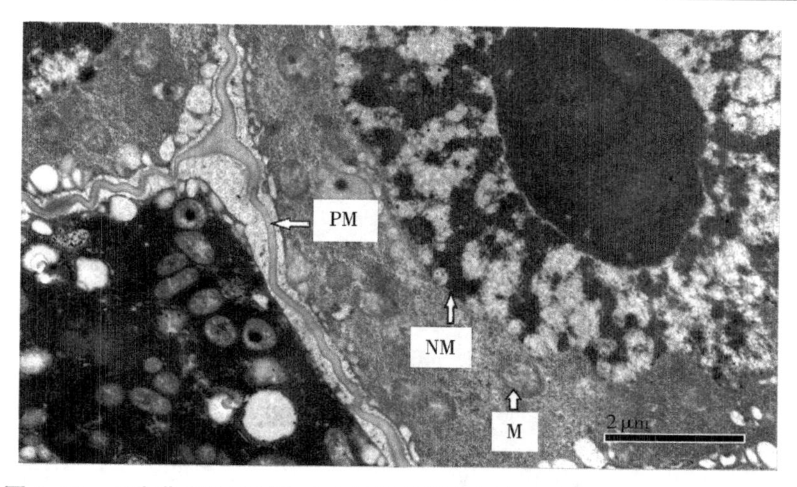

图 5-28　正常燕麦种子贮藏 6 个月后的种胚细胞亚显微结构（PM 为质膜，M 为线粒体，NM 为核膜，余同）

Fig. 5-28　Ultrastructure of normal radical cells in 6 months（PM-cytoplasmic membrane，M-mitochondria，NM-nuclear membrane，the same as below）

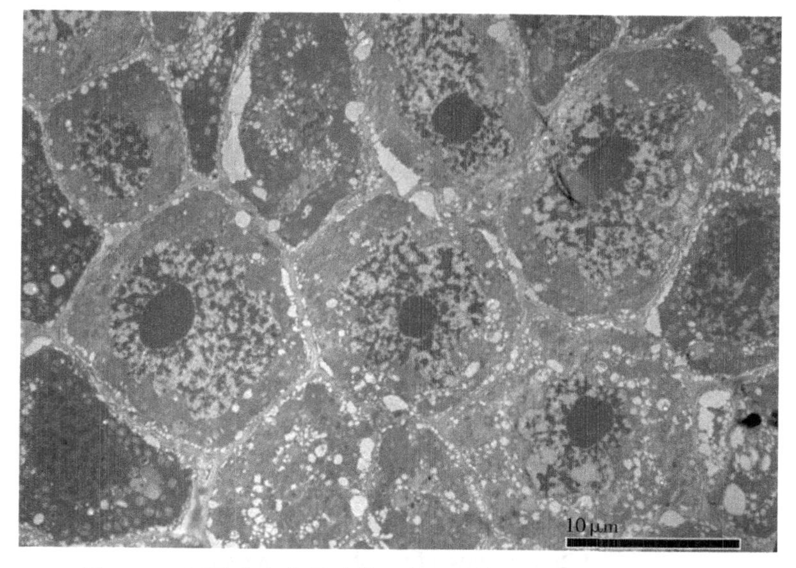

图 5-29　正常燕麦种子贮藏 6 个月后的种胚细胞亚显微结构

Fig. 5-29　Ultrastructure of normal radical cells in 6 months

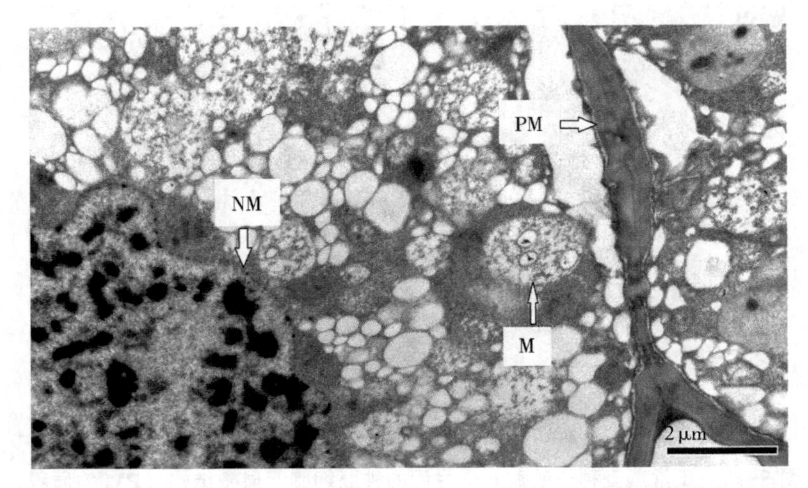

图 5-30 在含水量为 4%条件下贮藏 6 个月的种胚细胞膜及线粒体结构

Fig. 5-30 Ultrastructure of membrance and mitochondria a radical cell at content of 4% in 6 months

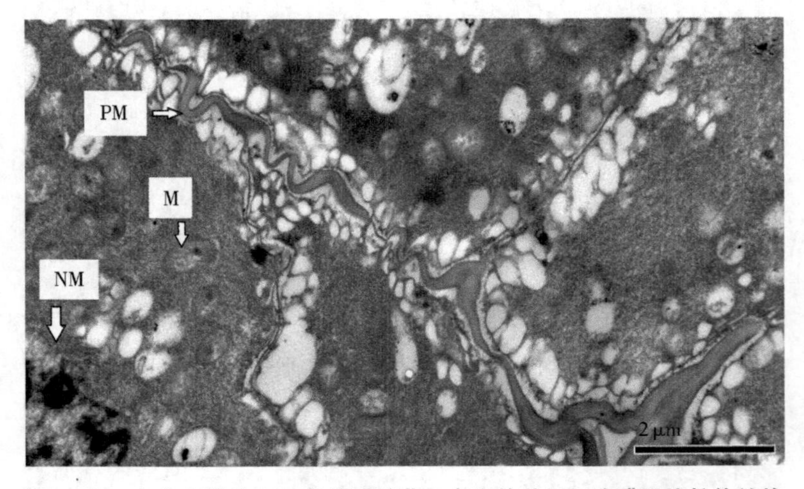

图 5-31 在含水量为 10%条件下贮藏 6 个月的种胚细胞膜及线粒体结构

Fig. 5-31 Ultrastructure of membrance and mitochondria a radical cell at content of 10% in 6 months

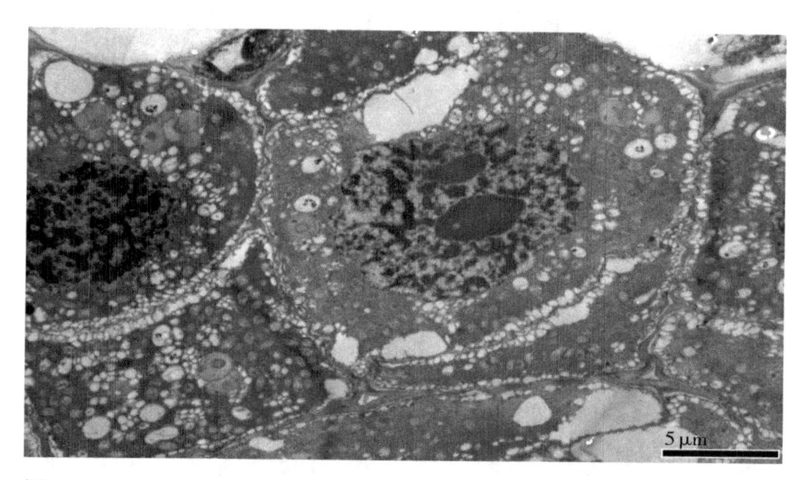

图 5-32　在含水量为 10%条件下贮藏 6 个月的种胚细胞膜及线粒体结构

Fig. 5-32　Ultrastructure of membrance and mitochondria a radical cell at content of 10% in 6 months

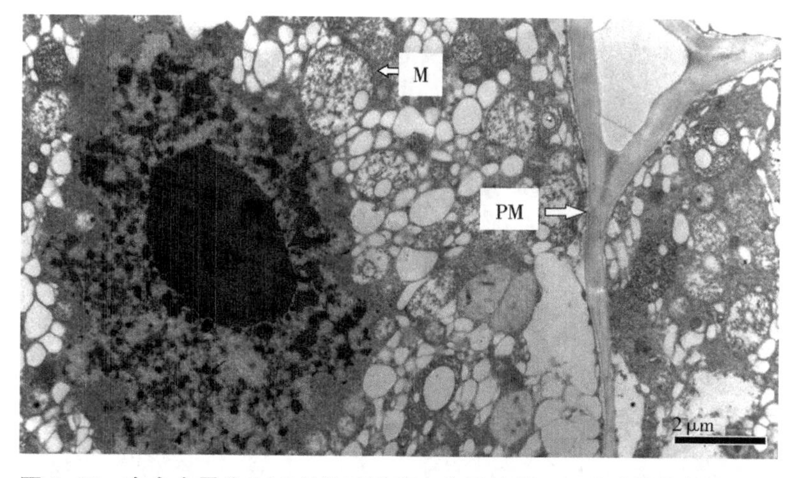

图 5-33　在含水量为 16%条件下贮藏 6 个月的种胚细胞膜及线粒体结构

Fig. 5-33　Ultrastructure of membrance and mitochondria a radical cell at content of 16% in 6 months

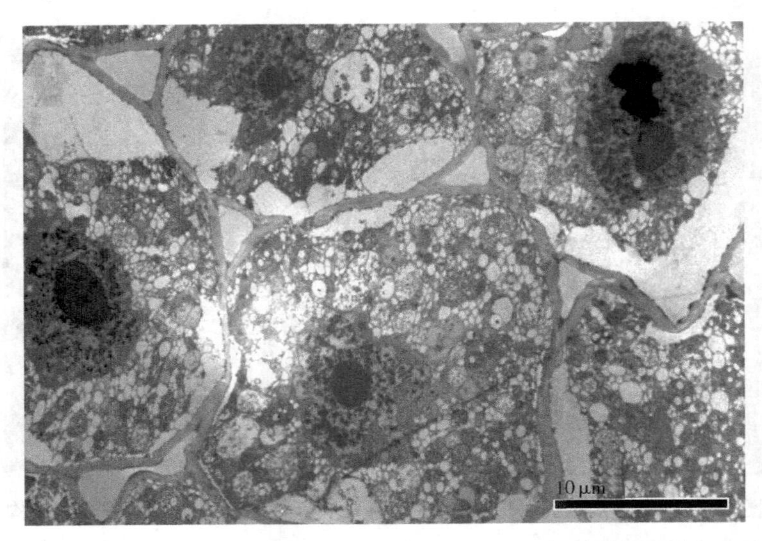

图 5-34　在含水量为 16%条件下贮藏 6 个月的种胚细胞膜及线粒体结构

Fig. 5-34　Ultrastructure of membrance and mitochondria a radical cell at content of 16% in 6 months

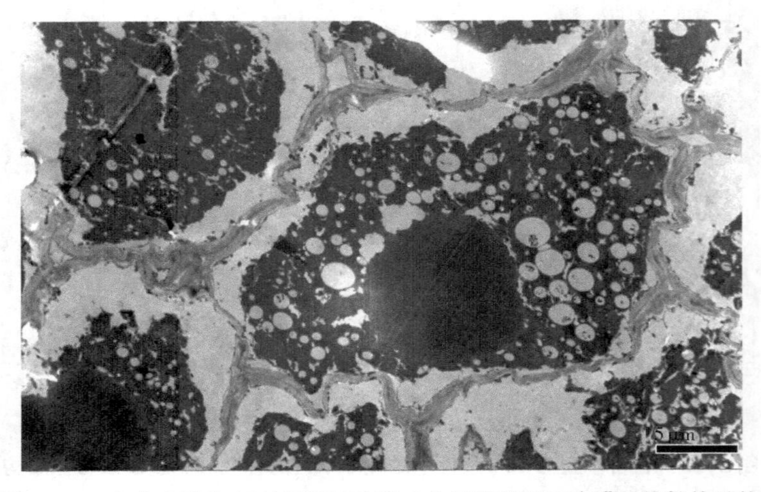

图 5-35　在含水量为 22%条件下贮藏 6 个月的种胚细胞膜及线粒体结构

Fig. 5-35　Ultrastructure of membrance and mitochondria a radical cell at content of 22% in 6 months

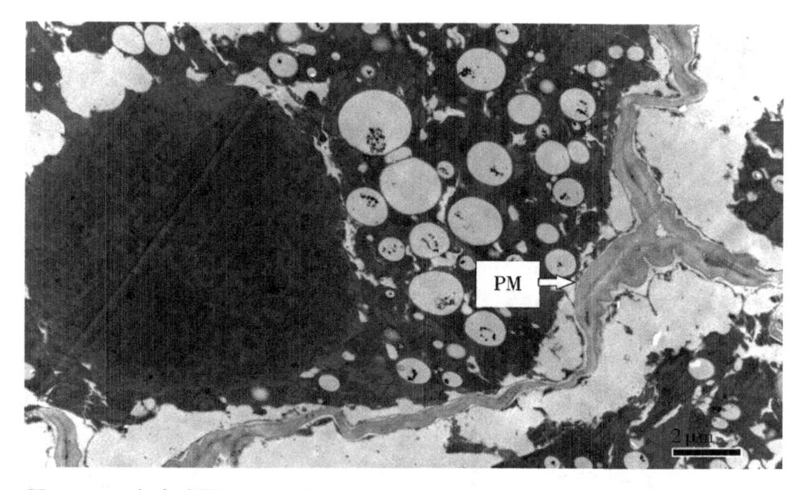

图 5-36　在含水量为 22%条件下贮藏 6 个月的种胚细胞膜及线粒体结构

Fig. 5-36　Ultrastructure of membrance and mitochondria a radical cell at content of 22% in 6 months

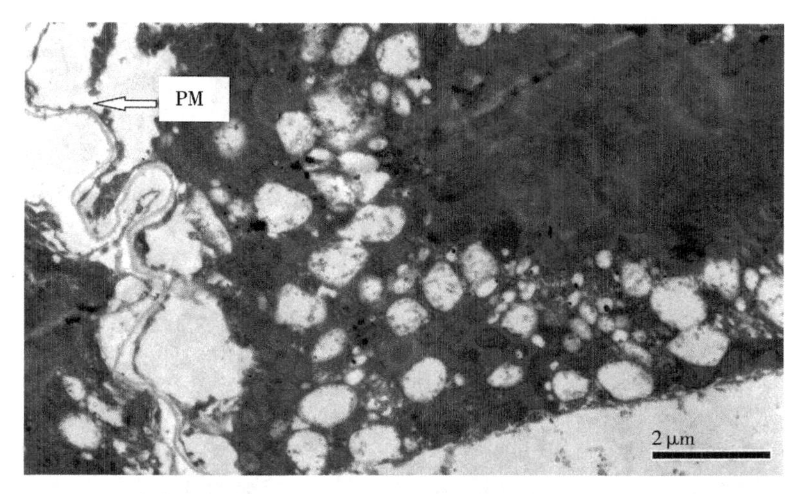

图 5-37　在含水量为 28%条件下贮藏 6 个月的种胚细胞膜及线粒体结构

Fig. 5-37　Ultrastructure of membrance and mitochondria a radical cell at content of 28% in 6 months

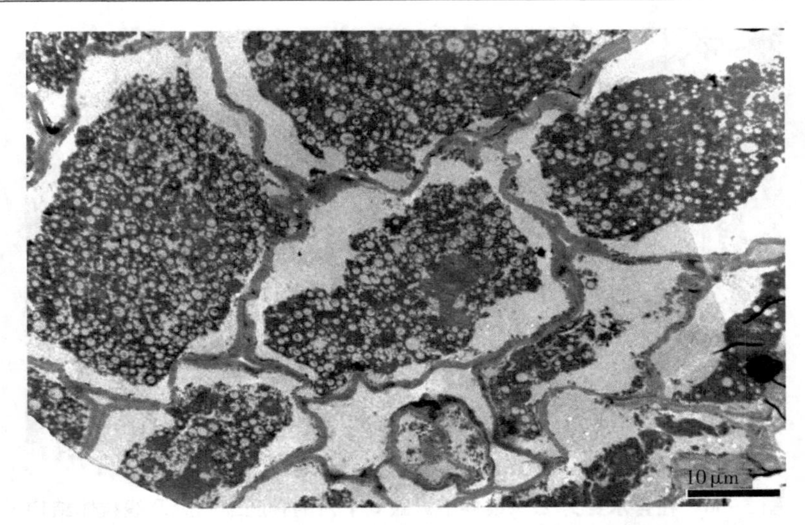

图 5-38　在含水量为 28%条件下贮藏 6 个月的种胚细胞膜及线粒体结构

Fig. 5-38　Ultrastructure of membrance and mitochondria a radical cell at content of 28% in 6 months

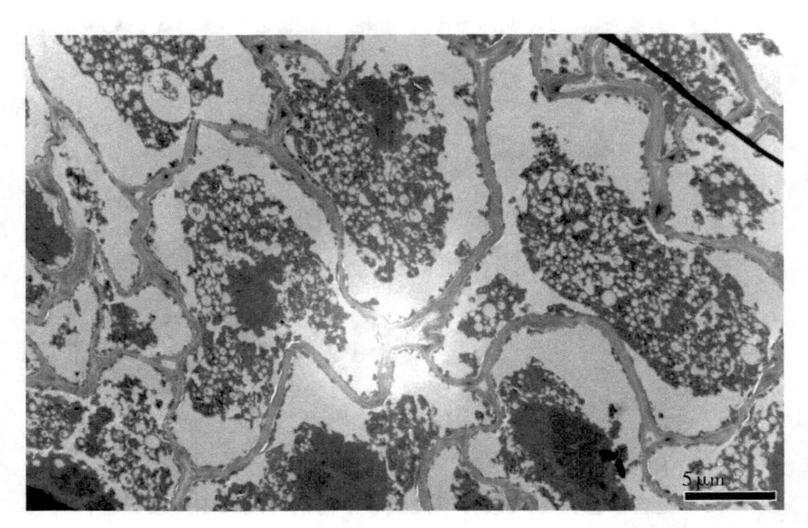

图 5-39　在含水量为 34%条件下贮藏 6 个月的种胚细胞膜及线粒体结构

Fig. 5-39　Ultrastructure of membrance and mitochondria a radical cell at content of 34% in 6 months

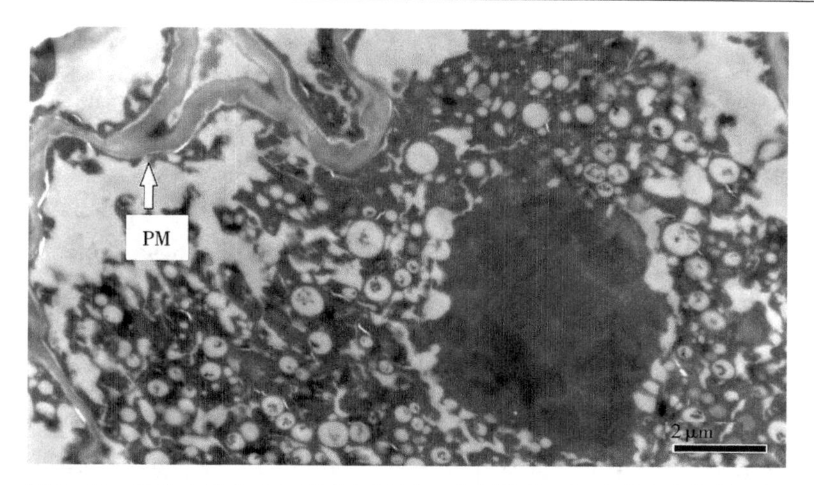

图 5-40　在含水量为 34%条件下贮藏 6 个月的种胚细胞膜及线粒体结构

Fig. 5-40　Ultrastructure of membrance and mitochondria a radical cell at content of 34% in 6 months

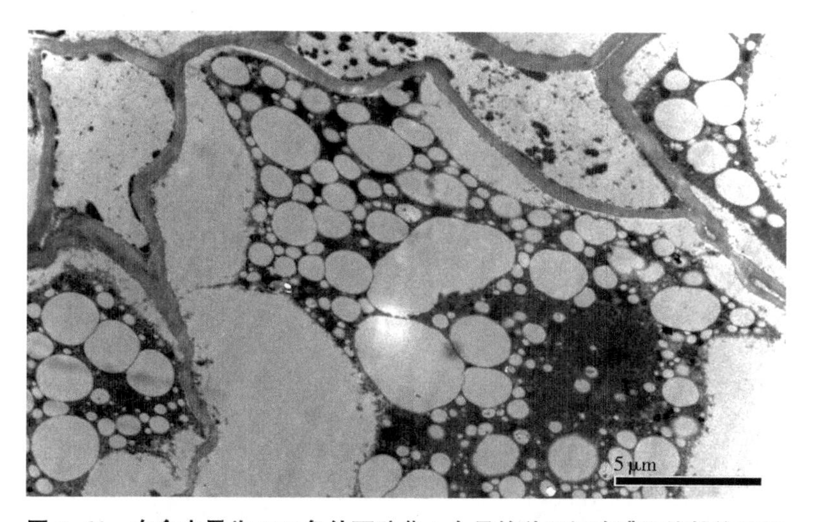

图 5-41　在含水量为 40%条件下贮藏 6 个月的种胚细胞膜及线粒体结构

Fig. 5-41　Ultrastructure of membrance and mitochondria a radical cell at content of 40% in 6 months

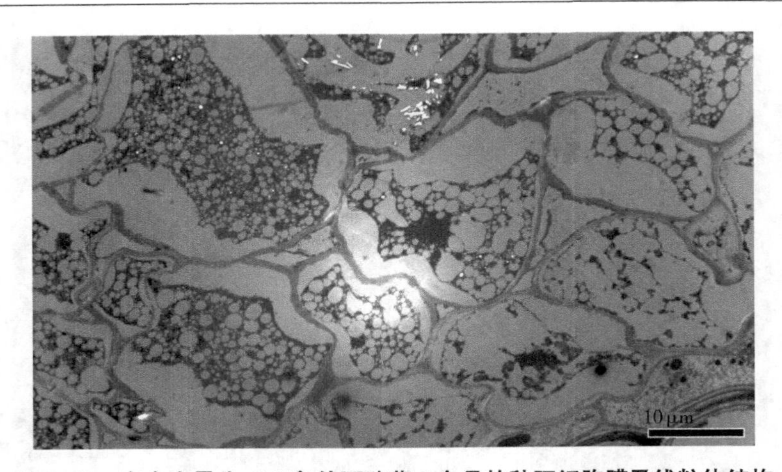

图 5-42　在含水量为 40%条件下贮藏 6 个月的种胚细胞膜及线粒体结构

Fig. 5-42　Ultrastructure of membrance and mitochondria a radical cell at content of 40% in 6 months

34%、40%细胞核质流入细胞质中，细胞内容物变稀少，出现空泡状结构，细胞间隙明显增大，细胞内细胞器解体，细胞膜进一步受损（图 5-55 至图 5-57）。

图 5-43　正常燕麦种子贮藏 12 个月后的种胚细胞亚显微结构

Fig. 5-43　Ultrastructure of normal radical cells in 12 months

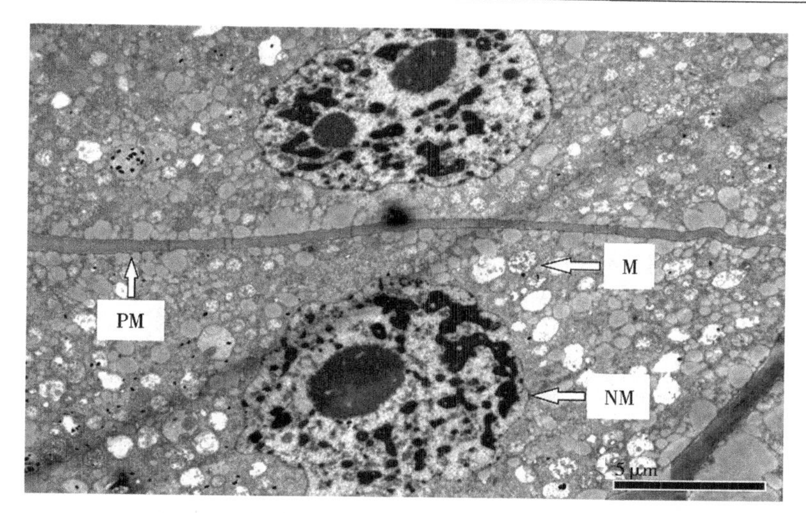

图 5-44　正常燕麦种子贮藏 12 个月后的种胚细胞亚显微结构

Fig. 5-44　Ultrastructure of normal radical cells in 12 months

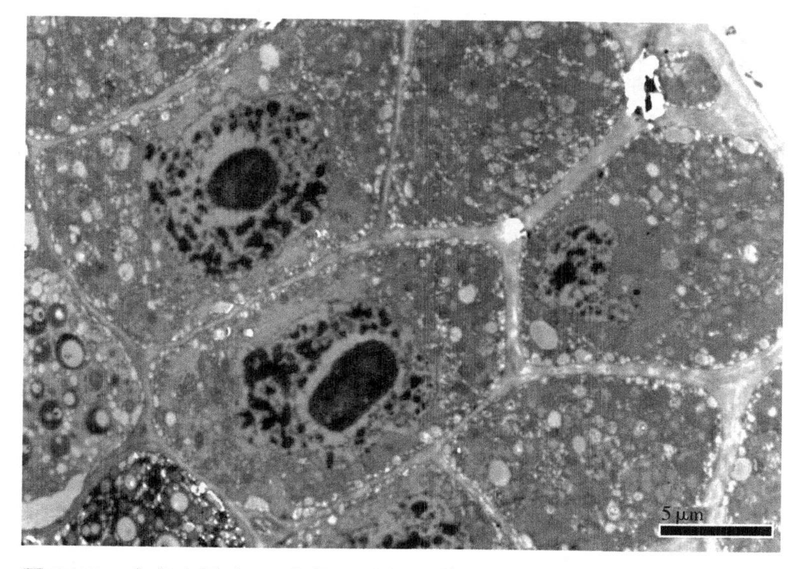

图 5-45　在含水量为 4%条件下贮藏 12 个月的种胚细胞膜及线粒体结构

Fig. 5-45　Ultrastructure of membrance and mitochondria a radical cell at content of 4% in 12 months

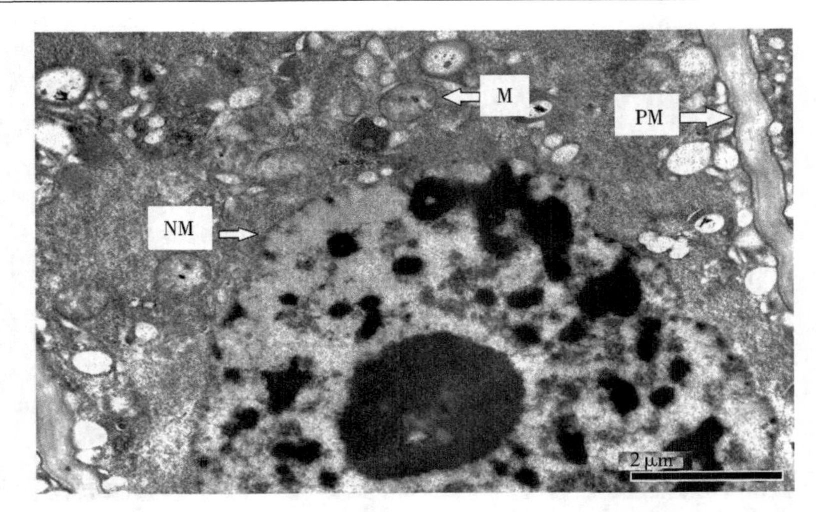

图 5-46　在含水量为 4%条件下贮藏 12 个月的种胚细胞膜及线粒体结构

Fig. 5-46　Ultrastructure of membrance and mitochondria a radical cell at content of 4% in 12 months

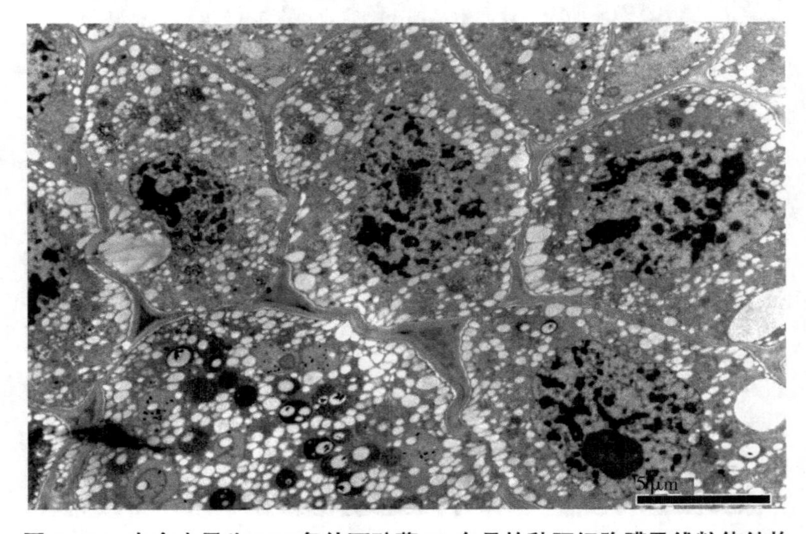

图 5-47　在含水量为 10%条件下贮藏 12 个月的种胚细胞膜及线粒体结构

Fig. 5-47　Ultrastructure of membrance and mitochondria a radical cell at content of 10% in 12 months

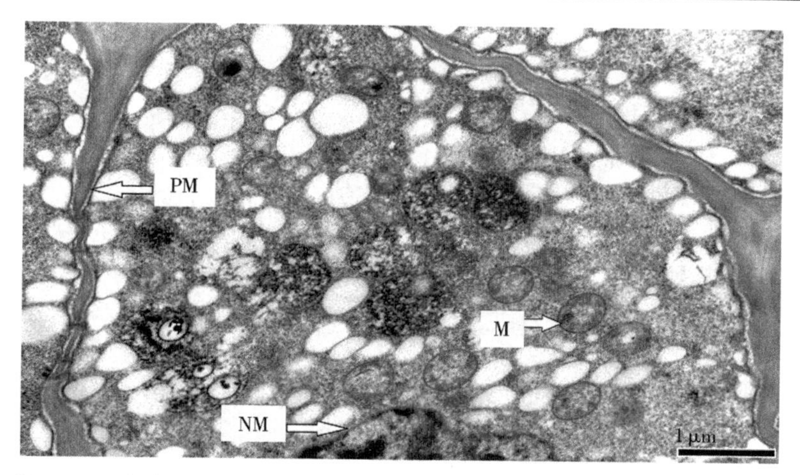

图 5-48　在含水量为 10%条件下贮藏 12 个月的种胚细胞膜及线粒体结构

Fig. 5-48　Ultrastructure of membrance and mitochondria a radical cell at content of 10% in 12 months

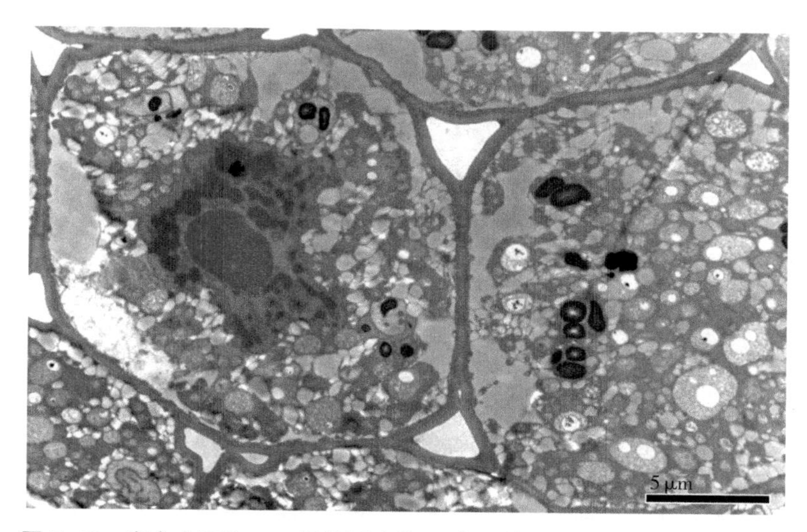

图 5-49　在含水量为 16%条件下贮藏 12 个月的种胚细胞膜及线粒体结构

Fig. 5-49　Ultrastructure of membrance and mitochondria a radical cell at content of 16% in 12 months

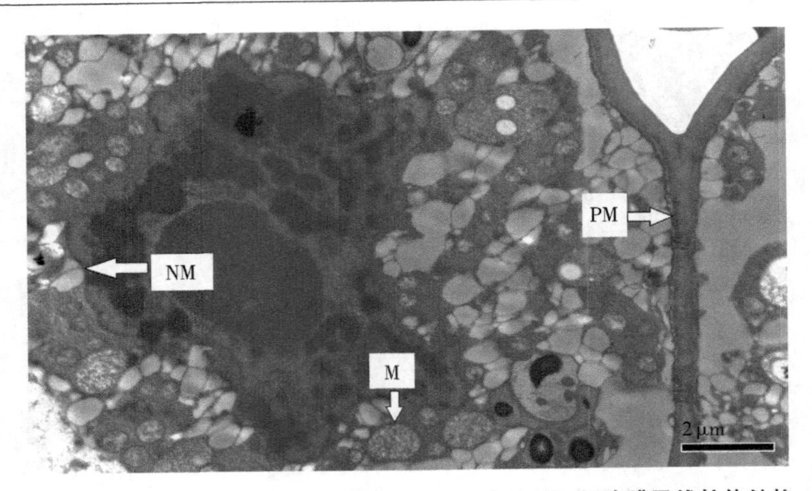

图 5-50　在含水量为 16%条件下贮藏 12 个月的种胚细胞膜及线粒体结构

Fig. 5-50　Ultrastructure of membrance and mitochondria a radical cell at content of 16% in 12 months

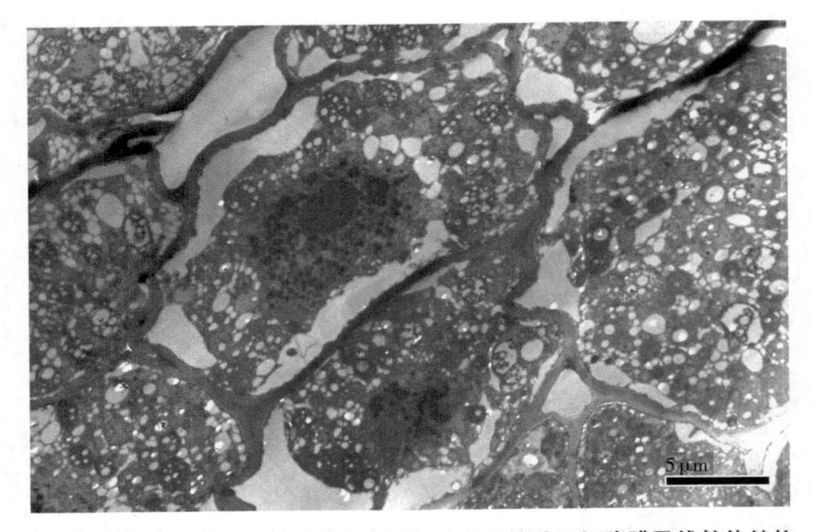

图 5-51　在含水量为 22%条件下贮藏 12 个月的种胚细胞膜及线粒体结构

Fig. 5-51　Ultrastructure of membrance and mitochondria a radical cell at content of 22% in 12 months

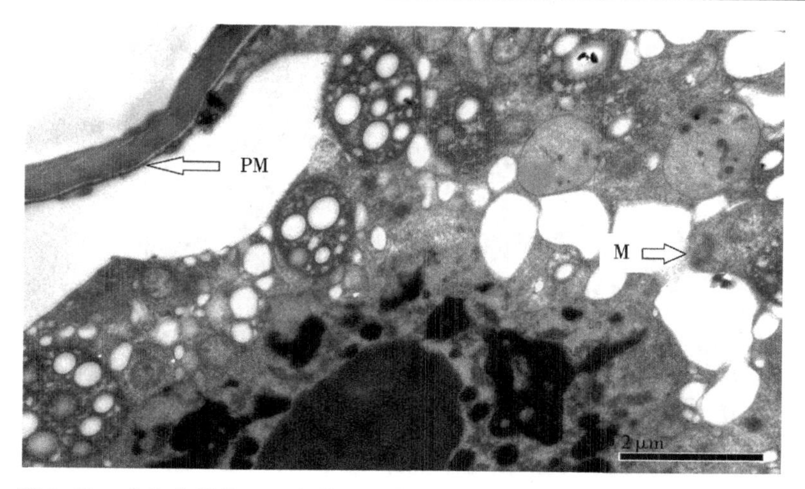

图 5-52　在含水量为 22%条件下贮藏 12 个月的种胚细胞膜及线粒体结构

Fig. 5-52　Ultrastructure of membrance and mitochondria a radical cell at content of 22% in 12 months

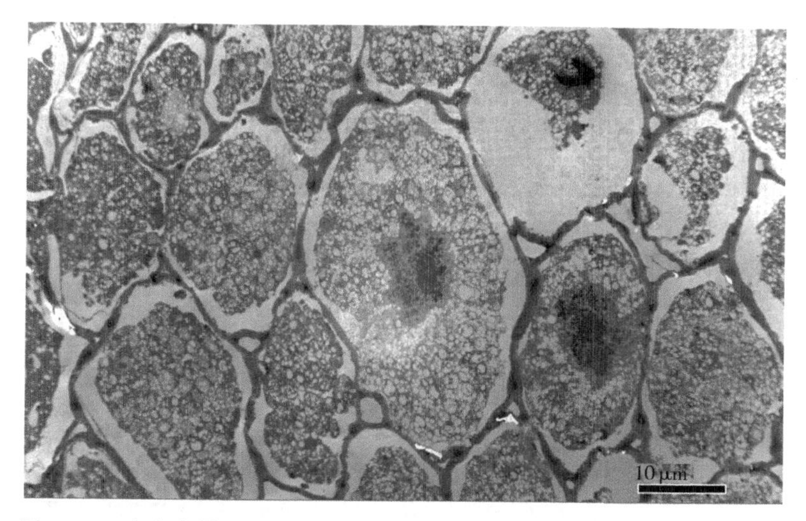

图 5-53　在含水量为 28%条件下贮藏 12 个月的种胚细胞膜及线粒体结构

Fig. 5-53　Ultrastructure of membrance and mitochondria a radical cell at content of 28% in 12 months

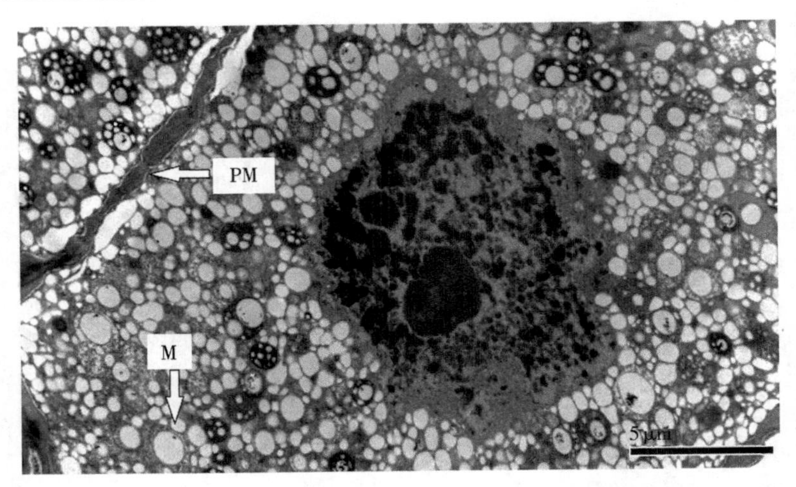

图 5-54 在含水量为 28%条件下贮藏 12 个月的种胚细胞膜及线粒体结构

Fig. 5-54 Ultrastructure of membrance and mitochondria a radical cell at content of 28% in 12 months

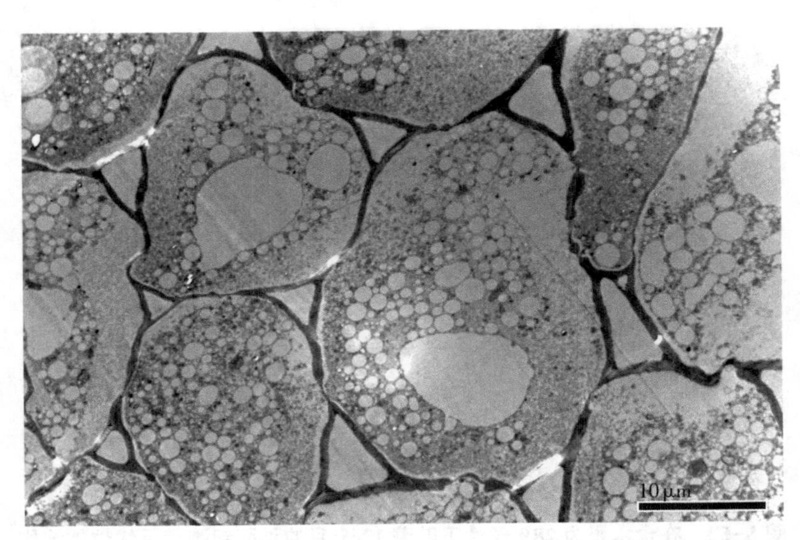

图 5-55 在含水量为 34%条件下贮藏 12 个月的种胚细胞膜及线粒体结构

Fig. 5-55 Ultrastructure of membrance and mitochondria a radical cell at content of 34% in 12 months

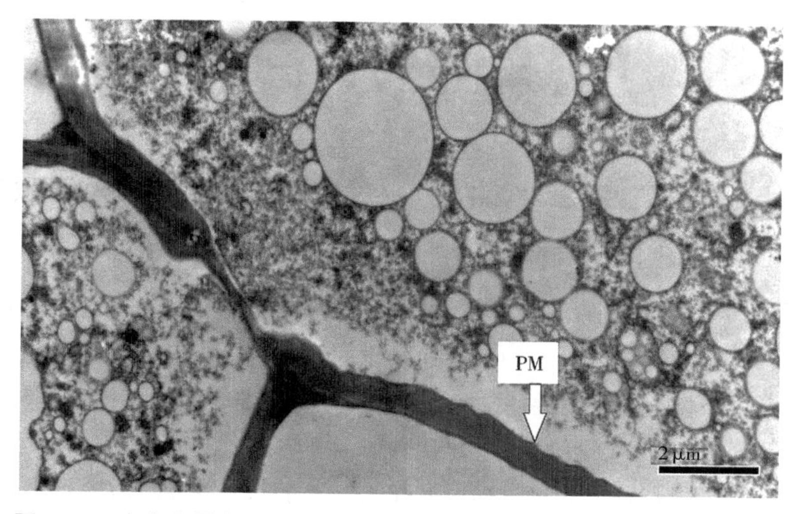

图 5-56　在含水量为 34%条件下贮藏 12 个月的种胚细胞膜及线粒体结构

Fig. 5-56　Ultrastructure of membrance and mitochondria a radical cell at content of 34% in 12 months

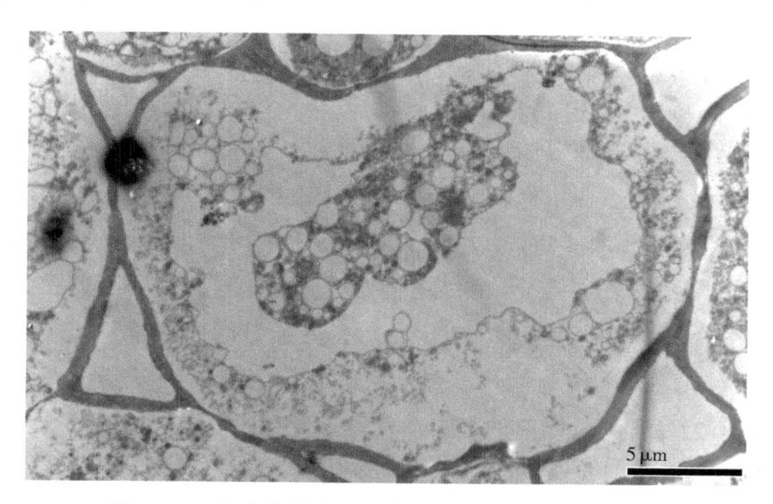

图 5-57　在含水量为 40%条件下贮藏 12 个月的种胚细胞膜及线粒体结构

Fig. 5-57　Ultrastructure of membrance and mitochondria a radical cell at content of 40% in 12 months

第十节 小 结

一、贮藏时间、温度及控制劣变对不同含水量燕麦种子发芽率的影响

众所周知，种子长期贮藏会引起种子劣变。种子活力下降，直接影响种子发芽率下降，种子发芽率是表示种子发芽能力的常用指标，发芽率高说明发芽能力强。种子活力下降与贮藏条件密切联系，其主要包括贮藏时间、温度以及含水量。大部分研究表明，人工加速老化使种子活力下降（Rodo et al.，2003）。种子活力与发芽力下降与种子老化过程紧密相连。试验选择室温和4℃低温情况下进行贮藏，结果表明，随着含水量的增加燕麦种子发芽率呈现下降趋势，在低含水量（4%、10%）室温及低温贮藏时，种子发芽率保持在90%左右，因此，在低含水量时，种子可以保持较高活力，抗老化能力强，耐贮藏。当含水量增加至16%时，室温贮藏种子发芽率均下降为0%，而低温贮藏12~18个月种子发芽率下降到70%左右，表明16%含水量是种子贮藏水分含量的转折点，在高水分含量（16%~28%）时，燕麦种子在室温条件下不耐贮藏，同时室温较低温贮藏更易受种子含水量的影响。在4%、10%含水量室温贮藏12~18个月时种子发芽率较6个月时显著下降，16%~28%含水量低温贮藏12~18个月时种子发芽率较贮藏6个月时显著下降，12个月与18个月之间无显著性差异，表明随着贮藏时间的延长，种子发芽率下降，但是贮藏12个月后，受贮藏时间影响不显著，这与Parmoon（2013）在一定贮藏时间内，随着贮藏时间延长，种子活力下降的研究结果相似。4%~22%含水量低温贮藏6个月种子发芽率与CK相近，均保持在90%左右，低温贮藏6个月可有效地保存种子活力。

经过控制劣变的燕麦种子，在4%~16%含水量时，发芽率高于90%，当含水量增加至22%时，发芽率下降至37%，而含水量为28%时，种子发芽率下降为0%。在本试验中，控制劣变处理种子发芽率介于低温贮藏6个月与12个月之间。

二、贮藏时间、温度及控制劣变对不同含水量燕麦种子呼吸率的影响

呼吸作用是植物代谢的综合指标并且是植物进行能量代谢的本质。大部分的种子需要通过呼吸作用去完成萌发。一种新的呼吸测定方式 Q2 技术被研发，它可以同时测定大量单粒种子呼吸，与种子活力密切联系，是种子活力的敏感指标（Bradford et al.，2013）。RGT（relative germination time）为非低氧胁迫条件下的理论萌发时间，与每粒种子的实际萌发时间直接相关。IMT（increased metabolism time）为萌发启动时间，反映了种子吸涨萌动至胚根突破种皮的快慢，高活力种子在短时间内吸涨萌动，胚根突破种皮，表现为 IMT 值低。OMR（oxygen metabolism rate）为萌发时 O_2 消耗速率，是种子胚根突破种皮后到受低氧胁迫 O_2 消耗率变慢之间的呼吸率，高活力种子表明为 OMR 值高。Kent（2013）研究表明，RGT 与种子萌发时间密切相关，RGT 也是杉木种子活力的最佳指标。燕麦种子经过低温及室温 6～18 个月贮藏后，RGT 随着含水量增加而延长，在相同含水量时，RGT 随着贮藏时间延长而延长；在高含水量时，室温贮藏 12 个月、18 个月，低温贮藏 18 个月后，RGT 无限延长，种子不萌发，活力丧失，这与发芽率结果一致。燕麦种子 IMT 与 RGT 结果相似，在 4%～16%含水量时，低温贮藏 12 个月种子的 IMT 最低，表明一定程度的老化可以促进种子的呼吸速率。OMR 可以有效预测大米及马尾松种子活力（Zhao et al.，2012 和 2013），本试验中燕麦种子 OMR 随着含水量增加而下降，相同含水量时，随着贮藏时间延长而下降，与大米种子结果相似。种子呼吸速率受到含水量及贮藏时间的影响，随着老化程度加深，种子耐贮藏性以及活力下降，这可能是由于脂质过氧化作用，破坏了线粒体结构，使呼吸作用下降，从而使种子发芽率下降。

低含水量时（4%、10%），控制劣变种子 RGT、IMT 与对照相近，表明低含水量可以使种子保持高活力，抗老化能力强，耐贮藏。这与自然老化结果相一致。

三、贮藏时间、温度及控制劣变对不同含水量燕麦种子 ROS 的影响

种子在贮藏的过程中，随贮藏时间的延长，种子内物质不断变化，种子活力不断下降，寿命降低。种子老化劣变很重要的原因是细胞膜完整性的丧失，而其中自由基和过氧化物是使细胞膜完整性丧失的重要原因。自由基和过氧化物具有很强的毒害作用，可以启动膜脂过氧化作用，产生 $O_2 \cdot^-$，使细胞膜受到损伤。本试验中，低温贮藏时以及 4%~16%含水量燕麦种子室温贮藏时，随着贮藏时间的延长，$O_2 \cdot^-$产生速率增快，表明 $O_2 \cdot^-$积累，发生脂质过氧化作用，种子老化。而22%、28%含水量种子在室温贮藏时，随着贮藏时间的延长，$O_2 \cdot^-$产生速率下降，此结果与田茜（2011）研究结果相似，发现大豆种子在高温高湿老化过程中 $O_2 \cdot^-$产生速率有所增加，但是老化至发芽率为 0%的种子与未老化种子相比含量并未增加甚至有所下降。与此同时，在室温贮藏 12 个月的燕麦种子含水量为 28%时 $O_2 \cdot^-$产生速率下降，贮藏 18 个月的燕麦种子在含水量为 22%、28%时下降，这可能是由于 ROS 的积累造成了细胞膜结构与功能的损伤或者是蛋白质变性等，使得种子整体代谢水平减退，随着种子的死亡，ROS 含量也逐渐降低。在低温贮藏时，随着含水量的增加，贮藏 6 个月的燕麦种子 $O_2 \cdot^-$产生速率增加，贮藏 12 个月及 18 个月时，$O_2 \cdot^-$产生速率变化幅度小，这可能是由于长期贮藏可以激活清除酶活性，达到 $O_2 \cdot^-$产生与清除的平衡。除了含水量为 28%室温贮藏 12 个月以及含水量为 22%、28%室温贮藏 18 个月的燕麦种子 $O_2 \cdot^-$产生速率低于低温贮藏外，其他处理则相反，表明低温贮藏可以降低种子 $O_2 \cdot^-$产生速率。

在植物种子中，H_2O_2 主要是由 $O_2 \cdot^-$被 SOD 歧化生成，所以，$O_2 \cdot^-$产生速率直接影响着 H_2O_2 含量，Lehner 等（2008）发现老化的小麦种子胚 H_2O_2 含量升高，本试验中 H_2O_2 含量经过低温贮藏 6~18 个月后，含水量为 4%、10%时，随着贮藏时间延长而增加，含水量为 16%~28%时，除 28%含水量贮藏 18 个月外，均随着贮藏时间延长无显著性差异，随着含水量增加无差异显著性，说明在低温 16%~28%含水量贮藏一定时间时，ROS 达到平衡，而 28%含水量贮藏 18 个月后，打破平衡，产生大量的 H_2O_2，种子老化严重。在室温贮藏 6~18 个月，含水

量为22%、28%的种子 H_2O_2 含量呈现下降，这与 $O_2\cdot^-$ 产生速率相似。

控制劣变种子随着含水量的增加 $O_2\cdot^-$ 产生速率呈现上升趋势，当含水量增加至28%时，控制劣变种子 $O_2\cdot^-$ 产生速率突增，燕麦种子老化程度加重，$O_2\cdot^-$ 发生积累，从而引起膜质过氧化作用。控制劣变种子与对照种子 H_2O_2 含量变化相似，但是在4%含水量时，控制劣变种子 H_2O_2 含量高。在低含水量种子中，ROS可能由于种子含水量较低而代谢微弱，酶促产生的ROS较少，非酶促脂质自动氧化程度低，ROS产生有限，可以延缓种子衰老；而且种子的抗氧化系统仍然发挥作用，使ROS的含量维持在一个相对稳定的水平。

四、贮藏时间、温度及控制劣变对不同含水量燕麦种子酶促清除系统的影响

SOD、CAT、APX是细胞内自由基的天然清除剂，它们和其他一些生物活性物质组成了生物体内清除ROS自由基的多酶复合体，具有抗自由基的联合、协同作用，防止细胞受自由基的毒害，抑制膜脂过氧化，延缓细胞衰老。因此他们的活性与种子的劣变程度密切相关。本试验中燕麦种子随着含水量增加，在低温贮藏6个月、12个月SOD活性基本保持不变，表明在低温一定贮藏时间内，SOD活性不受影响。有人发现SOD活性是随着老化时间延长而上升（吴聚兰等，2011），在室温贮藏6个月燕麦种子，随着含水量的增加，SOD活性呈现上升趋势，这可能由于水分含量短时上升激活种子中SOD活性。低温贮藏18个月、室温贮藏12个月、18个月随着含水量增加，燕麦种子SOD活性下降，这可能是由于种子老化抑制了SOD活性（张兆英等，2003）。在室温贮藏时，随着贮藏时间的延长，SOD活性下降，12个月与18个月之间无显著性差异，低温16%~28%含水量，随着贮藏时间的延长，SOD活性下降，6个月与12个月之间无显著性差异，这可能是由于种子老化降低了SOD转录水平。而4%含水量低温贮藏18个月可以激活SOD活性。4%室温贮藏以及10%含水量室温与低温贮藏时，随着贮藏时间的延长，SOD活性基本保持不变，这一研究结果与前人对老化向日葵种子SOD活性的研究结果一致，表明低水分含量可以使种子保持较高活力。

许多研究结果表明，种子CAT活性随着老化而降低。本试验中室温贮藏6

个月、低温贮藏 12 个月及 18 个月，随着含水量的增加，CAT 活性均呈现下降趋势，CAT 活性变化与种子老化过程中活力的变化呈正相关，高活力的种子，CAT 活性亦高。室温条件下 10%~28%含水量，随着贮藏时间的延长，CAT 活性先上升后下降，表明燕麦种子 CAT 在一定贮藏时间内活性增加，随着老化时间延长，CAT 活性下降。低温贮藏下 CAT 活性较室温时高，CAT 活性与贮藏温度相关。

除 CAT 和 SOD 外，APX 也是清除种子 ROS 的主要酶。本试验中，在低温贮藏以及室温 6 个月贮藏时，随着含水量的增加，呈现下降上升再下降的趋势，这可能是由于 10%含水量时，燕麦种子受胁迫最轻，APX 活性不被激活，4%及 16%含水量时，种子受到轻度水分胁迫发生老化，APX 活性上升，以抵抗种子老化，随着含水量增加，APX 活性受老化影响而被抑制，这与随着种子老化程度加深，APX 活性降低结果相似（Goel et al.，2003）。

本试验中燕麦种子随着含水量增加，控制劣变、对照中 SOD 活性基本保持不变，对照远高于控制劣变，表明种子老化后，SOD 活性下降，但并未受到水分含量的影响。控制劣变种子 CAT 活性，随着含水量增加呈现下降趋势，对照则呈现上升趋势，表明高含水量可以促进种子 CAT 活性，老化抑制 CAT 活性。而 APX 活性，控制劣变与对照均呈现先上升后下降趋势，结果与人工老化甜高粱 APX 活性在老化初期增加又迅速下降相似（刘宣雨等，2008）。这可能是由于低含水量时，种子 APX 活性不被激活。控制劣变种子 SOD、CAT 活性变化规律与低温贮藏 6 个月及 12 个月相似。

五、贮藏时间、温度及控制劣变对不同含水量燕麦种子非酶促清除系统的影响

植物体内的 ROS 清除主要由酶促和非酶促系统共同清除，其中，酶促系统起到主要作用，非酶促系统也有不可忽视的作用。在植物中抗坏血酸含量（AsA）是一种重要抗氧化剂，在植物抵抗逆境胁迫时发挥重要生物学功能，对减轻种子老化具有明显的效果（李珍珍等，2000）。本试验中相同含水量燕麦种子随着贮藏时间的延长，AsA 含量均呈现上升趋势，可能是由于贮藏时间的延长可以促进 AsA 合成从而抵抗种子老化。在室温贮藏时，随着含水量的增加，AsA

含量均呈现下降趋势，这与不结球白菜种子老化结果相似（薄丽萍等，2011），表明燕麦种子在受水分影响时，可能由于老化影响了AsA的重新合成或运输，使AsA抗氧化系统代谢紊乱并造成ROS累积伤害，这可能是引起燕麦种子老化的原因之一。低温贮藏AsA含量高于室温贮藏。

控制劣变与对照种子随着含水量的增加，AsA含量保持不变，控制劣变后AsA含量较对照高，表明AsA对老化脂质过氧化有响应，可以清除ROS，保护种子活力。

六、贮藏时间、温度及控制劣变对不同含水量燕麦种子脯氨酸含量的影响

近几年研究发现，脯氨酸不仅是一种渗透调节物质，还是一种非常有效的抗氧化剂，它可以清除$O_2 \cdot^-$等ROS，通过与酶促以及非酶促清除系统共同作用，调控植物细胞中ROS的平衡。本试验脯氨酸含量随着含水量增加，均呈现上升趋势，表明燕麦种子产生大量脯氨酸来抵抗由于水分引起的种子老化。在相同含水量时，除室温贮藏4%～16%含水量燕麦种子随着贮藏时间延长，脯氨酸含量不变外，其他处理随着贮藏时间的延长，同样呈现上升趋势。在低温贮藏的燕麦种子脯氨酸含水量低于室温条件下贮藏，表明脯氨酸可能在组织受到温度胁迫时起到渗透调节作用。

控制劣变及对照种子脯氨酸含量呈现上升趋势，且控制劣变种子显著高于CK，表明脯氨酸对老化脂质过氧化有响应，可以清除ROS，保护种子活力。

七、贮藏时间、温度及控制劣变对不同含水量燕麦种子MDA含量的影响

MDA是膜质过氧化的标志性产物，它可以与多种细胞反应，导致它们的功能降低甚至丧失，MDA含量可以作为种子内膜脂质过氧化程度的指标，用于植物器官衰老或在逆境下表示细胞膜过氧化程度和对逆境条件反应的强弱。在室温贮藏6个月、低温贮藏6个月、12个月燕麦种子MDA含量随着含水量的增加呈现先下降后上升的趋势，表明种子内的SOD、CAT、APX等自由基清除剂，在一

定的范围内可以抑制自由基侵害种子，使 MDA 产生量下降，随着水分含量的增加，种子内的自由基清除剂活性下降，但是种子内产生的自由基仍然与抗氧化酶等自由基清除物质存在着一个平衡，当水分含量进一步增加，种子内抗氧化物质活性进一步下降，打破了自由基与其清除物质的平衡状态，大量产生 MDA 并且累积，MDA 再作用于抗氧化清除物质，如此恶劣循环，导致脂质过氧化作用加剧，种子活力、发芽率下降。而室温贮藏 12 个月、18 个月以及低温贮藏 18 个月种子 MDA 含量随着水分含量增加呈现下降趋势，同时随着贮藏时间的延长，高含水量（16%~28%）种子 MDA 含量呈现下降趋势，Kalpana 等（1997）在对人工加速老化的木豆种子的研究中发现，随着人工加速老化，MDA 含量下降，这一结果可能是由于受高含水量的影响，种子劣变使 MDA 含量增加，脂质过氧化作用加剧导致细胞膜系统受损，大量 MDA 渗出。而在低含水量（4%、10%）时，随着贮藏时间延长，种子 MDA 含量上升。由结果可以认为脂质过氧化作用是降低燕麦种子耐贮藏性的生理原因之一。

控制劣变以及对照燕麦种子 MDA 含量随着含水量的增加，呈现先下降后上升的趋势，同低温贮藏 6 个月燕麦种子 MDA 含量变化趋势相同，可能是由同一原因引起的脂质过氧化作用。

八、自然老化与种子胚细胞膜系统超微结构的影响

种子老化在细胞学上首先表现为膜系统的损伤。Priestley（1983）的研究表明严重劣变的细胞膜结构肿胀无序，质体内的淀粉粒分裂甚至消失。程红焱（2004）研究结果表明，胚的根尖分生组织首先发生变化。张方明等对洋葱种子胚根尖细胞进行透射电镜观察发现细胞核膜界限不清，出现胞饮现象，线粒体变形等。本试验对燕麦种子用透射电镜进行细胞膜系统超微结构观察发现，不同贮藏时间的种子随着含水量的增加，膜结构的变化是一个渐变的过程，其中线粒体表现最为敏感，由膨胀、变形到膜破裂甚至解体，与此同时细胞核膜出现模糊损伤，细胞出现质壁分离现象，随着老化的进一步加深，细胞核区模糊，核质与细胞质混合，细胞内的细胞器普遍解体。由此可见，种子老化与细胞膜系统的完整性有密切关系，低活力种子细胞膜系统受损，而高活力则相反。

燕麦种子的老化程度可以由胚细胞超微细构的观察来直接反映，也可以由各项生理生化指标来间接反映，通过对二者的对比可以得出以下相关规律。燕麦种子对照、含水量4%、10%的种胚细胞质膜和线粒体保持完整，并且可以清晰看到细胞核膜，细胞不出现质壁分离，其发芽率保持较高水平，抗氧化物质SOD、APX、CAT活性高，$O_2\cdot^-$产生速率低，这与透射电镜观察结果相符合，说明细胞的抗氧化系统处于正常状态。含水量为16%的燕麦种子细胞膜及线粒体依然保持完整，但是核膜模糊，细胞开始出现质壁分离现象，此时种子发芽率有所上升，SOD、CAT、APX活性略有下降，MDA含量下降，$O_2\cdot^-$产生速率有所上升，这可能与打破休眠有关。含水量为22%以及28%时质壁分离现象严重，细胞核区模糊线粒体发生膨胀，线粒体膜模糊，此时细胞膜尚保持一定的完整性，此时的发芽率有所下降，CAT、SOD、APX活性较显著下降，MDA含量及$O_2\cdot^-$产生速率增加，两类有害物质保持在一个较高的水平。含水量34%、40%细胞核质流入细胞质中，细胞内容物变稀少，出现空泡状结构，细胞间隙明显增大，细胞内细胞器解体，细胞膜进一步受损，而发芽率在此时降为0%，CAT、SOD、APX活性进一步下降，MDA含量及$O_2\cdot^-$产生速率出现最大值。细胞膜系统超微结构与各项生理生化指标密切相关，均可反映种子的自然老化程度。

第六章　不同老化处理对燕麦种子蛋白质的影响

在种子劣变的生理生化机理研究中，由于 ROS 可以引发膜上不饱和脂肪酸产生过氧化反应，使蛋白质降低或丧失生物学活性，因此，蛋白质在种子成熟过程中扮演着极其重要的角色，同时调控着种子细胞内各种生理生化反应和代谢过程。控制劣变直接影响种子的蛋白质功能，进而影响种子活力的变化。蛋白质组学利用了蛋白质分离、鉴定技术，探索了蛋白质的功能，调控等。本试验在对不同老化处理条件下的燕麦种子进行蛋白质分离、鉴定，试图深入了解不同含水量燕麦种子，在不同贮藏条件以及控制劣变情况下蛋白质的变化，以期确定与燕麦种子活力变化相关的蛋白质。

第一节　试验材料与方法

试验材料为 Lockwood Seed and Grain Company（Woodland，USA）购买的燕麦种子（Lot#P708O2498），经过种子含水量调整后，制备含水量为 4%、10%、16%、22%、28%的种子样品。

试验处理包括：①将种子样品放入 4℃冷藏箱中低温贮存 6 个月、12 个月和 18 个月；②将种子样品放入室温（25℃恒温）条件下贮存 6 个月、12 个月和 18 个月；③将种子样品进行控制劣变处理，放入 45℃恒温水浴中 48 h（CDT）；未进行劣变种子用于试验对照（CK）。

一、蛋白质提取及检测方法

取经处理的种子胚 60 mg，在液氮中研磨之后用 20 μL/mg 的蛋白质提取液（62.5 mmol/L Tris - HCl，pH 值 6.8，2% SDS，10 mmol/L DTT，10% Glycerol）进行提取，放入 100℃ 中培养 5 min 之后迅速冷却，在 4℃ 进行离心 20 min（14 000 r/min）。将上清液转移到新试管中（注意避免油层）。随后在 4℃下，以 14 000 r/min 离心 15 min，将上清液转移分装到新试管中（注意避免油层），立即冷冻在-80℃冰箱中。采用 Bradford（1976）法进行蛋白质质量检测；用牛血清蛋白做标准曲线。

二、使用十二烷基硫酸钠聚丙烯酰胺凝胶电泳（SDS-PAGE）分离蛋白质

将 20 mg 蛋白质溶解在 30 μL 的蛋白质提取液中，在 95℃ 加热 2 min，在冰上迅速冷却。样品通过 SDS-PAGE（12%的分离胶与 5%的浓缩胶），100 V，分离 1 h，使用 Biorad mini-protean 系统。SDS-PAGE 使用考马斯亮蓝进行染色。取出 SDS-PAGE 胶，经超纯水清洗 2 次，清洗后的胶经固定液（7%冰醋酸溶解于 40%的甲醇中）固定 30 min，随后用染色液（0.1%考马斯亮蓝）着色 1～2 h，再经洗脱液（10%冰醋酸溶于 25%甲醇溶液中）过夜脱色至背景清晰。

三、质谱分析法鉴定蛋白质

将蛋白质谱带从洗脱后的胶中切下，在 50 mmol/L 的碳酸氢铵中清洗 2 次，每次 5 min，加入胶体 3～4 倍的氰化甲烷并摇动至胶体积收缩，再加入 10 mmol/L 碳酸氢铵并于 56℃ 培养 30 min。将胶置于 55 mmol/L 碘乙酰胺-碳酸氢铵溶液中，培养于黑暗室温下 20 min，随后用 200 μL 的 50 mmol/L 碳酸氢铵清洗并经高速真空离心机干燥。胶被 10 μL 0.01 μg/μL 胰岛素在 37℃下过夜溶解。溶解后，肽段由 60%高效液相色谱级乙腈及 0.1%三氟乙酸提取，并置于声波震荡水浴锅中 10 min，随后离心并收集于新试管中，并经高速真空离心机干燥。存放于-80℃待 LC-MS/MS 分析使用。

第二节　结果与分析

一、不同含水量燕麦种子 SDS-PAGE 分析

在低温贮藏 6 个月后，不同含水量燕麦种子通过 SDS-PAGE 分离，得到 4 条清晰谱带，分别位于 70 kDa、35 kDa、15 kDa 和 10 kDa 处（图 6-1）。

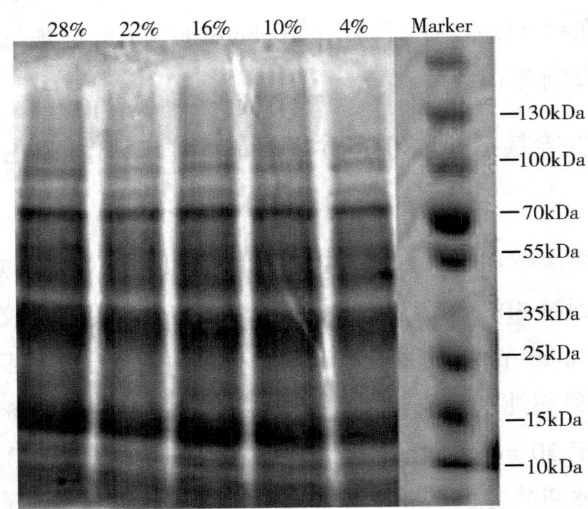

图 6-1　低温贮藏 6 个月后不同含水量燕麦种子 SDS-PAGE 图谱

Fig. 6-1　The pattern of SDS-PAGE gel of oat seeds with different moisture content under storing at 4℃ for 6 months

经过低温贮藏 12 个月后，燕麦种子通过 SDS-PAGE 结果显示（图 6-2），4%~22% 含水量的燕麦种子分别得到 4 条清晰谱带，位于 70 kDa、35 kDa、15 kDa 和 10 kDa 处，而 28% 含水量的燕麦种子只得到 3 条清晰的谱带，即 35 kDa、15 kDa 和 10 kDa，位于 70 kDa 的谱带变浅消失。

经过低温贮藏 18 个月，以及控制劣变（45℃、48 h）处理后，不同含水量的燕麦种子通过 SDS-PAGE 分离，所得电泳谱带与低温贮藏 12 个月的相同。

在室温贮藏 6 个月后，燕麦种子通过 SDS-PAGE 结果显示（图 6-3），在含

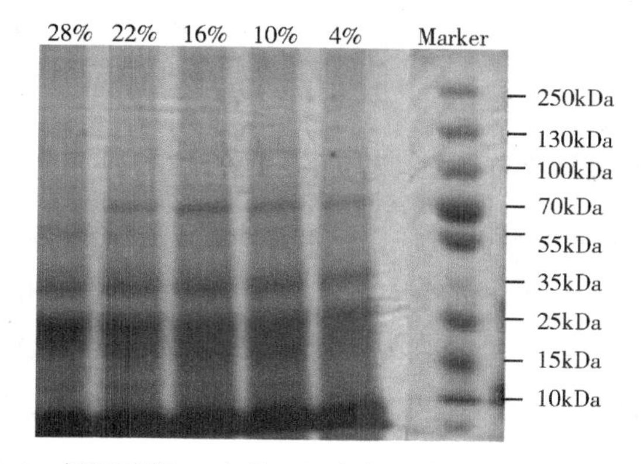

图 6-2　低温贮藏 12 个月不同含水量燕麦种子 SDS-PAGE 图谱

Fig. 6-2　The pattern of SDS-PAGE gel of oat seeds with different moisture content under storing at 4℃ for 12 months

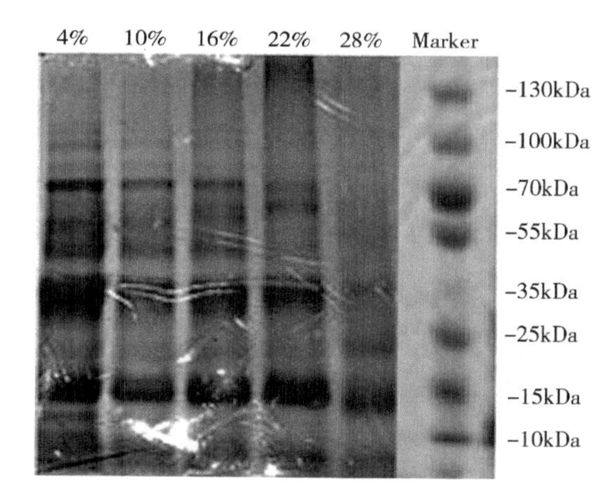

图 6-3　室温贮藏 6 个月不同含水量燕麦种子 SDS-PAGE 图谱

Fig. 6-3　The pattern of SDS-PAGE gel of oat seeds with different moisture content under storing at room temperature for 6 months

水量为 4%~16%时，出现 4 条清晰谱带，即 70 kDa、35 kDa、15 kDa 和 10 kDa；在含水量为 22%时，70 kDa 谱带变模糊，其余 3 条清晰可见；当含水量为 28%时，出现 4 条清晰谱带，分别是 35 kDa、25 kDa、15 kDa 和 10 kDa。但 70 kDa 谱带肉眼不可见，同时在 25 kDa 处出现 1 条新谱带。

在室温贮藏12个月、18个月的燕麦种子SDS-PAGE结果图谱与室温贮藏6个月的结果相同。

二、贮藏处理后燕麦种子蛋白质的质谱分析

试验选取室温贮藏6个月处理后，含水量22%时燕麦种子70 kDa、35 kDa、25 kDa谱带及含水量为28%时70 kDa、35 kDa、25 kDa谱带相对应位置大小相同的区域，胶内酶切后进行LC-MS/MS分析，结果显示，在这3条差异谱带中共存在33个多肽，其中70 kDa处有22个，35 kDa处有5个，25 kDa处有6个（表6-1）。

表6-1 燕麦老化种子SDS-PAGE谱带的LC-MS/MS多肽鉴定

Table6-1 Expressed polypeptide in the SDS-PAGE bands identified by LC-MS/MS in aged seeds of oat

编号 No.	基因库编码 Genebank ID	蛋白名称 Protein name	分子量（kDa） Molecular mass（kDa）	覆盖率（%） Coverage（%）
储藏蛋白 Storage protein				
1	O49257	12s seed storage globulin	53	32
2	Q03678	Embryo globulin	72	9
3	I4EP65	Avenin	29	18
4	L0L5I0	Gliadin-like avenin	26	17
氧还蛋白 Oxidation-reduction				
5	Q6BD86	Betain aldehyde dehydrogenase	55	13
6	I1IQG6	Uncharacterized protein	55	20
7	F2CSK4	Predicted protein	36	13
8	A5A5E7	Protein disulfide isomerase	57	15
能量代谢相关蛋白 Energy				
8	F2CX32	Pyruvate kinase	57	37
9	I1IQV5	Glucose-6-phosphate isomerase	68	20
10	Q1PBI3	Glucose-6-phosphate isomerase	62	19
11	F2CZV8	Malate synthase	63	12

（续表）

编号 No.	基因库编码 Genebank ID	蛋白名称 Protein name	分子量（kDa）Molecular mass（kDa）	覆盖率（%）Coverage（%）
12	F2E4H3	Predicted protein	62	12
13	J3MLS2	Beta-amylase	59	14
14	B8AHL5	Putative uncharacterized protein	67	17
15	I1HG64	Malate dehydrogenase	35	18
16	I0CMI9	Class I chitinase-2	23	13
17	B9VQ31	Class I chitinase	34	9
氨基酸代谢相关蛋白 Amino acid metabolic				
18	I1IV86	Asparagin synthetize	66	12
19	F2DCS7	Predicted protein	62	20
20	F2CW51	Predicted protein	63	13
21	C5YQI8	Putative uncharacterized protein	68	15
22	I1H862	Uncharacterized protein	58	13
翻译蛋白 Translation				
23	B7FMW0	40S ribosomal protein S8	25	24
24	F2CT73	Predicted protein	28	39
25	Q9XET7	Barley protein Z homolog	31	15
其他 Others				
26	F2CRG8	Uncharacterized protein	65	14
27	I1J0D3	T-comples protein 1 subunit alpha	59	31
28	I1HGE3	Uncharacterized protein	57	42
29	I1MNU1	Uncharacterized protein	58	17
30	I1PSL5	Importin subunit alpha	59	10
31	F2DMW8	Predicted protein	69	8
32	F2EBF9	Predicted protein	27	44
33	F2DSU6	Predicted protein	36	17

注：数据来自 70 kDa、25 kDa 和 35 kDa 的 LC-MS/MS 分析。

Note：data were obtained from LC-MS/MS analysis of 70 kDa, 25 kDa and 35 kDa.

经过功能鉴定后，将这 33 个肽段分为 6 组（图 6-4），分别为贮藏蛋白（4 个，占总鉴定蛋白的 12%），氧还蛋白（4 个，占总鉴定蛋白的 12%），能量代谢相关蛋白（10 个，占总鉴定蛋白的 30%），氨基酸代谢相关蛋白（5 个，占总鉴定蛋白的 15%），翻译相关蛋白（3 个，占总鉴定蛋白的 9%）以及其他类型蛋白（8 个，占总鉴定蛋白的 22%）。这些被鉴定的蛋白质参与许多的代谢途径，其中能量代谢相关性最高。

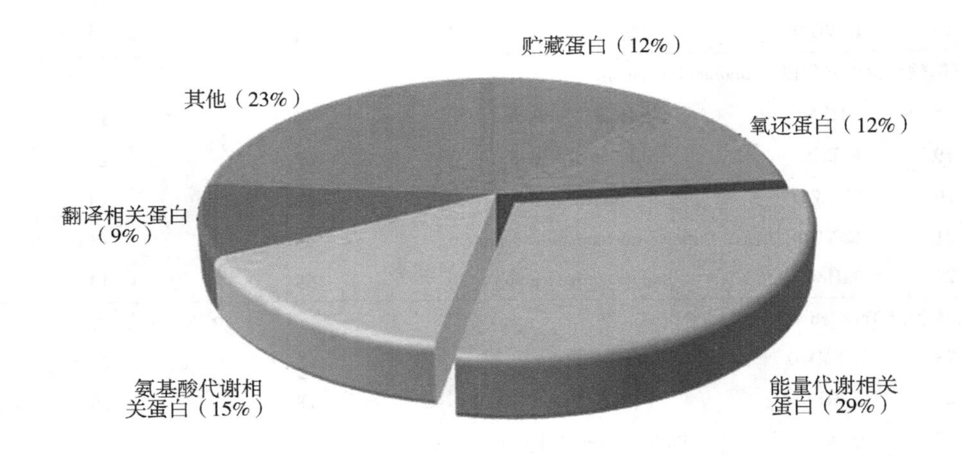

图 6-4　燕麦老化种子 33 个鉴定蛋白功能分类图

Fig. 6-4　The functional category distribution of the 33 identified proteins in aged oat seeds

第三节　讨　论

多肽经过 LC-MS/MS 鉴定，在 70 kDa 处有 22 个蛋白质表达有差异，这 22 个蛋白质在含水量为 28%时全部下调，这些下调蛋白包括了贮藏蛋白、能量代谢相关蛋白、氨基酸代谢相关蛋白、氧化还原蛋白、翻译蛋白以及其他一些蛋白。在 35 kDa 处有 5 个差异蛋白被鉴定，在含水量 28%时均下调，其中包括能量代谢蛋白 2 个、氧化还原蛋白 1 个、翻译蛋白 1 个以及其他 1 个。在 25 kDa 处有 6 个差异蛋白被鉴定，其中 1 个上调蛋白、5 个下调蛋白（表 6-1）。

贮藏蛋白在种子发育过程中积累，并且在种子吸涨萌发过程中为种子发芽提供氨基酸等物质。Ching 和 Schoolcraft（1968）研究发现种子贮藏蛋白含量在种子老化期间下降。Dell' Aquila（1994）也发现老化处理削弱了种子蛋白质维持正常的功能。在本试验中发现 4 种贮藏蛋白，分别为 12 S 贮藏球蛋白（No. 1）、胚胎球蛋白（No. 2）、燕麦蛋白（No. 3）以及醇溶燕麦蛋白（No. 4），这 4 种蛋白在燕麦种子老化过程中下调。有报道指出，贮藏蛋白下调导致不能提供充足氨基酸合成新的蛋白质，从而降低种子发芽率。同时，种子贮藏蛋白为种苗生长提供碳源以及能量。在大豆（Alam et al.，2011）、甜菜（Catusse et al.，2011）、拟南芥（Gallardo et al.，2001）等种子萌动初期，种子贮藏蛋白被作为活力水平的标志。

在种子老化期间，由于 ROS 的攻击与积累，蛋白质的氧化与降解增加明显（Rajjou et al.，2008）。在本试验中，28%含水量 70 kDa 谱带消失，表明由于 ROS 产生导致燕麦种子蛋白质受到水分的影响显著。经鉴定有 4 种氧化还原相关蛋白被在 28%含水量时下调，分别是 β-醛脱氢酶（No. 5，BADH）、No. 6、No. 7 和 No. 8。其中 β-醛脱氢酶属于醛脱氢酶（ALDH）家族，催化醛转化为羧酸（Stiti et al.，2011）。因此，ALDHs 可以有效地转化环境胁迫下由脂质过氧化所产生的醛类物质。BADH 响应植物体内非生物胁迫，提高植物的耐受力（Fitzgerald et al.，2009）。过表达 *ALDH7* 的拟南芥及大豆可提高植物抗氧化及渗透压的能力（Xu et al.，2013）。水稻中，Os*ALDH7* 突变体导致 MDA 含量增加并且加速了种子老化，研究发现，*OsALDH7* 在种子贮藏过程中通过清除 MDA 来维持种子活力（Shin et al.，2009）。本试验结果表明，MDA 含量在 28%含水量时增加，表明 BADH 是清除 MDA 所必需的（Kong et al.，2014），因此，这 4 种蛋白质含量下降，不能将醛类物质清除，造成对膜的损伤，从而降低种子活力。

高活力种子可以通过动员体内贮藏物质得到碳源为种子萌发提供能量。在水稻种子萌发过程中，与糖酵解相关的部分蛋白上调，这部分蛋白被认为是种子萌发的本质（Kim et al.，2009）。在水稻种子萌发过程中，不仅仅与糖酵解相关，同时与 TCA 循环相关。TCA 循环为种子萌发提供能量（Yang et al.，2007）。Basavarajappa 发现种子老化影响能量的提供与代谢。向日葵老化种子的腺苷酸库与 ATP 水平下降（Kibinza et al.，2006）。在本试验中，在含水量为 28%时有 10 个蛋白与糖酵解及 TCA 循环相关，其中 9 个蛋白下调，1 个蛋白上调。下调的蛋白包括：No. 8（丙酮酸激酶，转移甘油三醛到丙酮酸）、No. 9 和 No. 10（磷酸葡萄糖异构酶，将葡萄糖-6-磷酸转化为果糖-6-磷酸）、No. 11（苹果酸合成酶，是 TCA 循环去碳酸基支路）、No. 12（预测蛋白，属于果糖-6-磷酸代谢途径）、No. 13（β-淀粉酶）、No. 14（假定未知蛋白，转移单糖到丙酮酸）、No. 15（苹果酸脱氢酶，转化苹果酸为草酰乙酸盐，同时降低 NAD^+ 为 NADH）、No. 17（I 类几丁质酶，参与碳水化合物代谢），上调的蛋白质为 No. 16（I 类几丁质酶-2，参与碳水化合物代谢）。这些蛋白在糖酵解以及 TCA 循环中扮演重要角色，影响能量代谢。丙酮酸激酶（No. 8）是糖酵解过程中最终酶，催化磷酸烯醇丙酮酸和 ADP 到丙酮酸和 ATP，丙酮酸激酶突变体会导致种子萌发及种苗建植的延迟（Baud et al.，2007；Andre et al.，2007），该酶下调表明在 28%含水量时，ATP 的供给存在问题。β-淀粉酶（No. 13）是作物种子萌发期间水解淀粉的重要酶，并且是水稻种子萌发能力的重要指标。另外，苹果酸脱氢酶下调，指出了 TCA 循环可能被种子老化所打断，同时 TCA 循环被糖酵解以及集成新陈代谢解耦合，而这种解耦合导致了糖酵解相关支路产物增加，例如乙醇、甲醇等（Leninger et al.，1993）。糖酵解支路产物与莴苣种子劣变极相关。因此，在本试验中目前被鉴定的这些与糖酵解和 TCA 循环相关的蛋白质可能是引起燕麦种子老化，使活力下降的原因。

5 种氨基酸代谢相关蛋白下调（No. 18～No. 22），其中两种属于侧链氨基酸合成蛋白（No. 18 和 No. 19）。在碳缺乏时，氨基酸侧链蛋白可以通过进入 TCA 循环提供新能量（Engqvist et al.，2009），或者为电子传递链直接提供电子（Araujo et al.，2010）。因此，氨基酸侧链合成蛋白下调可能引起种子活力的丧失。另外 3 种下调蛋白（No. 20、No. 21 和 No. 22）属于氨基酸合成蛋白，可以合成新的蛋白质（Xin et al.，2011）。

翻译蛋白是通过 RNA 聚合酶将 DNA 信息转移到 mRNA 的蛋白质，聚合酶是基础 RNA 聚合酶转录机制的核心组成部分（Murakami et al.，2005）。本试验鉴定了 3 个翻译蛋白，分别是 40S 核糖体蛋白 S8（No. 23），大麦 Z 蛋白同源物（No. 25）以及预测蛋白（No. 24），它们参与 mRNA 合成蛋白质的过程，促进 GTP-依赖性氨酰 tRNA 在翻译的延伸阶段结合到核糖体和参与密码子与反密码子的精度校对（Song et al.，1989）。种子萌发需要蛋白质的合成（Rajjou et al.，2004），3 种蛋白质下调可能引起种子不能合成新的蛋白质，从而使种子活力下降。

蛋白质 No. 26、No. 27 和 No. 28 属于 TCP-1 家族，具有蛋白质折叠，恢复蛋白质原状以及水解 ATP 的作用（Kalisman et al.，2013）。TCP-1 是耐旱性丧失最重要的指标之一（Wang et al.，2012）。报道指出 TCP-1 蛋白参与的羰基化，是种子活力机理的本质。本试验鉴定的 3 种蛋白属于 TCP-1 家族，它们可能是种子活力丧失的原因。

此外，1 个转运蛋白（No. 30，α-输入蛋白）、3 个预测蛋白（No. 31、No. 32 和 No. 33）以及 1 个未知蛋白（No. 29）需要在将来的种子老化中进行深入功能研究。

第七章　不同老化处理对燕麦种子抗氧化基因表达差异分析

自由基和 ROS 的积累是种子衰老的重要因素之一，种子老化过程中产生大量的 ROS 与自由基，可以及时有效地清除 ROS，对种子活力保持至关重要。延缓种子衰老与种子的抗氧化系统相关，种子抗氧化系统包括酶促抗氧化系统与非酶促抗氧化系统，其中酶促系统又包括了 SOD、APX、CAT，非酶促系统有抗坏血酸；同时与种子的脯氨酸含量有密切关系。上述物质在植物对各种氧胁迫的响应中具有不同的表现，在菠菜受到高光照时，APX 基因有显著变化（Yoshimura et al.，2000），在盐碱环境或是 H_2O_2 处理时，SOD 基因也表现出差异性（Kaminaka et al.，1999）。本试验以劣变种子为材料进行了抗氧化系统基因表达差异研究，有助于深入了解种子劣变过程中的抗氧化系统分子机理。

第一节　试验材料与方法

试验材料为从 Lockwood Seed and Grain Company（Woodland，USA）购买的燕麦种子（Lot#P708O2498），经过种子含水量调整后，制备含水量为 4%、16%、28%的种子样品。

试验处理包括：①将种子样品放入 4℃冷藏箱中贮存 6 个月（LT-6）、12 个月（LT-12）和 18 个月（LT-18）；②将种子样品进行控制劣变处理，放入 45℃恒温水浴中 48 h（CDT）；未进行劣变种子用于试验对照（CK）。

一、RNA 提取

燕麦种子样品 100 mg 加入 20 μL/mg 的 RNA 提取液以及 30 μL 的巯基乙醇，快速混匀后在 4℃、300 r/min 条件下摇动 30 min 后，于 12 000 r/min，4℃离心 2 min。尽可能多地收集上清液，并加入等体积的水饱和酚：氯仿：异戊醇（25：24：1）混合液，在 4℃、300 r/min 条件下摇动 5 min 后于 12 000 r/min，4℃离心 2 min。再次收集上清液，加入等体积的氯仿：异戊醇（24：1），4℃，300 r/min 条件下摇动 5 min 后于 12 000 r/min，4℃离心 5 min。收集上清液，加入 1/3 体积的 8 mol/L 氯化锂后放在−20℃过夜提取。第二天于半解冻状态下于 10 000 r/min，4℃离心 3 min，弃上清液，将沉淀用 1 mL 80%的乙醇清洗，离心弃乙醇并干燥。干燥后用 50 μL 无 RNA 水，于冰上溶解沉淀，放入−80℃冰箱备用。

RNA 提取液：15 mL 的 TLE 缓冲液，15 mL 酚，3 mL 氯仿。

TLE 缓冲液：500 mL TLE 缓冲液含 90 mL Tris 1 mol/L；5. 625 mL 8 mol/L 氯化锂；4. 5 mL 0. 5 mol/L 乙二胺四乙酸；5 g 十二烷基硫酸钠在 349. 875 mL DEPC 水中，调节 pH 值为 8. 2。

二、RNA 浓度测定及质量检测

用 Nano drop 测定 RNA 浓度和纯度，并用 1%琼脂糖凝胶，TAE 缓冲液进行电泳分析。

三、RNA 反转录和 RT-PCR

为了去除 RNA 中残留的 DNA，使用 TaKaRa 公司的反转录试剂盒 PrimeScripTM RT reagent Kit with gDNA Eraser（prefect real time），cDNA 合成体系如下：1 μg RNA，加入 2 μL gDNA Eraser Buffer（5x）、1 μL gDNA Eraser 和 RNase-free H_2O_2，共 14 μL，在 42℃反应 2 min 后立即放在冰浴上。在这 14 μL RNA 中加入 1 μL quantiscript reverse transcriptase，4 μL quantiscript RT buffer（5x），1 μL RT primer mix，共 20 μL，在 42℃反应 15 min 后 95℃反应 3 min 停止反转录酶工作。

进行 RT-PCR 或者在-80℃待用。

四、Real-time PCR

使用 ABI stepone plus 荧光定量 PCR 仪，采用 SYBR Green 法对燕麦种子劣变过程中相关基因 RNA 的表达进行相对定量分析，采用肌动蛋白（ACTIN1）作为内参基因。内参基因与目标基因序列是根据同源性将拟南芥相关基因序列通过 BLAST 在燕麦已知序列中进行比对得出。引物序列由 Primer Express 设计，引物序列见表 7-1，并进行 Real-time qPCR 分析。Real-time PCR 反应体系用 TaKaRa 公司试剂盒 SYBR Premix Ex Taq，以合成 cDNA 的 RNA 为原始单位，将原 RNA 1 μg/20 μL 的浓度稀释至 10 μg/μL，即将 20 μL cDNA 体系稀释到 100 μL。Real-time qPCR 反应体系及反应条件如下。

Real-time PCR 反应体系：

SYBR Green	5 μL
正向引物（10 μmol）	0. 2 μL
反向引物（10 μmol）	0. 2 μL
稀释 cDNA 模板（RNA 10 μg/μL）	1 μL
ddH_2O_2	3. 6 μL

Real-time PCR 反应条件：

1. 95℃　　10 min
2. 95℃　　5 s
3. 58℃　　20 s
4. 72℃　　31 s
5. 读板
6. 从第二步开始继续　40 个循环
7. 72℃　　5 min
8. 60~95℃每上升 0. 5℃进行读板，每个温度维持 2 s（用于绘制熔解曲线）
9. 结束

表 7-1　持家基因和 RT-PCR 引物

Table 7-1　Housekeeping genes and primer sequences used for real-time PCR analysis

基因登录号 Accession	基因 Gene	正向引物序列 Forward primers	反向引物序列 Reverse primers
AT2G39800. 1	*P5CS1*	TGTCCTCTGGGTGTTCTCTTGAT	CGAATGGCTAAAGACGCAATC
AT3G30775	*PDH1*	CCCCGTGGAGCACATCAT	AAGGTTGAAGCAGAGAGCAATCC
AT1G20630	*CAT1*	CAGGCTGGCGAGAGATTCC	AGCATCCGTGAGTGCATCAA
AT1G07890	*APX1*	GCTCCGTGAAGTAAGTGTTATCAAAC	CCTGGGAAGGTGCCACAA
AT1G12520	*SOD1*	CACAAGCACTTCACAGGAACAGT	TGCCACTCTGAACATTTCATCAC
AT2G37620	*ACTIN1*	GCTATTCAAGCCGTGCTTTC	AGCATGTGGAAGGGCATAAC

五、Real-time PCR 分析基因动态表达的方法

采用相对定量法进行 Real-time PCR，得到各样品的值在 DART PCR1.0（www. gene- quantification. de/peirson-dart-version-1）中进行样品分析。用内参基因表达量对目标基因进行校正，得到的数据是指通过内参基因表达水平校准的试验样品中目标基因的增加或降低的倍数，用内参基因校准目标基因的目的是弥补样品组织量的差异。

第二节　结果与分析

一、贮藏时间、控制劣变对不同含水量燕麦种子 *SOD1* 基因表达的影响

通过 *SOD1* 基因表达的分析，不同含水量的燕麦种子测定结果显示（图 7-1），未经控制劣变处理（CK）的燕麦种子 *SOD1* 基因表达量在 4%含水量时最低，16%含水量种子 *SOD1* 基因表达量最高，二者间差异显著（$P<0.05$），但与 28%含水量种子无显著差异（$P>0.05$）。CDT 种子 *SOD1* 基因的表达量随着含水量的增加呈现显著性下降（$P<0.05$）。贮藏 6 个月燕麦种子 *SOD1* 基因的表

达量在16%含水量种子中最高，且显著高于4%、28%含水量种子（*P*<0.05），而28%含水量种子*SOD1*基因表达量最低；贮藏12个月种子*SOD1*基因表达量随着含水量的增加呈显著下降趋势（*P*<0.05）；经过18个月贮藏后，4%、16%含水量种子*SOD1*基因表达量无显著性差异（*P*>0.05），但显著高于28%含水量的种子（*P*<0.05）。

含水量为4%的燕麦种子在不同处理条件下（图7-1），贮藏18个月种子*SOD1*基因表达量最高，与其他处理差异均显著（*P*<0.05）。贮藏6个月种子*SOD1*基因表达量最低，与其他处理差异均显著（*P*<0.05）。CDT种子的*SOD1*基因表达量显著低于贮藏18个月的种子（*P*<0.05），但显著高于贮藏6个月、12个月和CK处理种子*SOD1*基因表达量（*P*<0.05）。CK处理种子*SOD1*基因表达量与贮藏12个月种子*SOD1*基因表达量无显著性差异（*P*>0.05）。

含水量为16%的燕麦种子在不同处理条件下（图7-1），贮藏18个月和CK处理种子*SOD1*基因表达量最高，二者无显著差异，但与其他处理差异均显著（*P*<0.05）。贮藏12个月种子*SOD1*基因表达量最低，与其他处理差异均显著（*P*<0.05）。CDT种子*SOD1*基因表达量显著高于贮藏12个月种子（*P*<0.05），但显著低于贮藏6个月种子*SOD1*基因表达量（*P*<0.05）。

含水量为28%的燕麦种子在不同处理条件下（图7-1），CK种子*SOD1*基因表达量最高，与其他处理差异均显著（*P*<0.05）。贮藏18个月种子*SOD1*基因表达量最低，与其他处理差异均显著（*P*<0.05）。贮藏6个月与12个月之间没有显著性差异（*P*>0.05），但是均显著低于CDT种子*SOD1*基因表达量（*P*<0.05）。

二、贮藏时间、控制劣变对不同含水量燕麦种子*APX1*基因表达的影响

通过*APX1*基因表达的分析，不同含水量的燕麦种子测定结果显示（图7-2），未经控制劣变处理（CK）的燕麦种子*APX1*基因表达量，在16%含水量时显著高于4%、28%含水量种子（*P*<0.05）。CDT种子*APX1*基因表达量在28%含水量时显著低于4%、16%含水量种子（*P*<0.05）。在4℃低温下贮藏6个

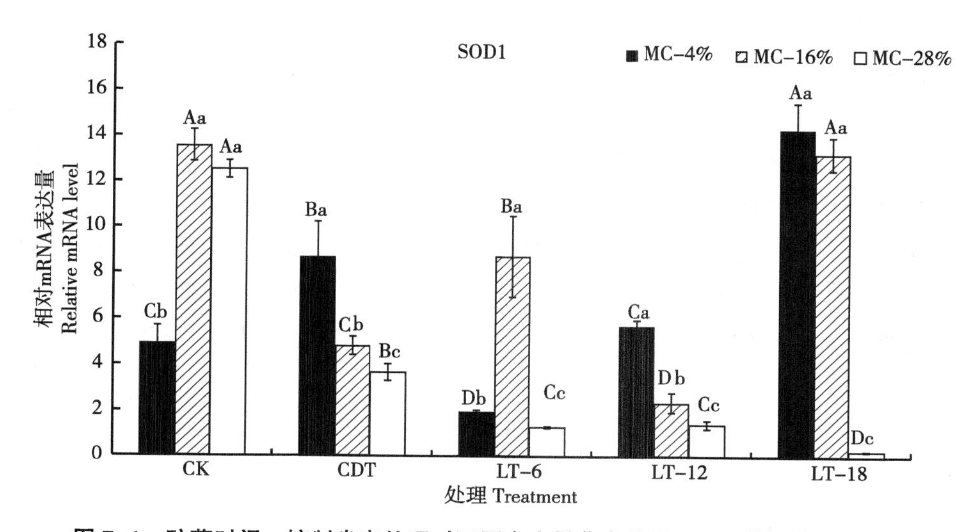

图 7-1　贮藏时间、控制劣变处理对不同含水量燕麦种子 *SOD1* 基因表达的影响

Fig. 7-1　Effect of storage duration and controlled deterioration treatments on *SOD1* gene expression of oat seeds with different moisture content

注：不同大写字母表示相同含水量不同处理燕麦种子 *SOD1* 基因表达量差异显著（$P<0.05$），不同小写字母表示同一处理内不同含水量燕麦种子 *SOD1* 基因表达量差异显著（$P<0.05$），下同。

Note: The different letters indicate significant differences at 0.05 level among treatments as determined by the Duncan's multiple range test. Means with different capital letters indicate the significant differences of seed at same moisture content and different treatments, and with different lowcase letters at the different moisture content and same treatment, the same as below.

月、12 个月后，4%、16%含水量燕麦种子 *APX1* 基因表达量没有显著差异（$P>0.05$），但均显著高于 28%含水量种子（$P<0.05$）。当贮藏 18 个月后，16%含水量种子的 *APX1* 基因表达量最高，显著高于 4%、28%含水量（$P<0.05$），28%含水量燕麦种子 *APX1* 基因表达量最低（图 7-2）。

含水量为 4%的燕麦种子在不同处理条件下（图 7-2），贮藏 18 个月和 CDT 处理种子的 *APX1* 基因表达量最高，二者间无显著性差异（$P>0.05$），但均显著高于贮藏 6 个月、12 个月种子的 *APX1* 基因表达量（$P<0.05$）。CK 处理种子的 *APX1* 基因表达量显著低于 CDT 处理种子，却显著高于贮藏 6 个月、12 个月种子的 *APX1* 基因表达量（$P<0.05$）；贮藏 12 个月种子的 *APX1* 基因表达量最低，与

其他处理间差异显著（$P<0.05$）。

含水量为16%的燕麦种子在不同处理条件下（图7-2），贮藏18个月种子*APX1*基因表达量最高，与其他处理间差异显著（$P<0.05$）。CK、CDT以及贮藏6个月、12个月处理间种子*APX1*基因表达量依次下降，且相互间具有显著性差异（$P<0.05$），贮藏12个月燕麦种子*APX1*基因表达量最低。

含水量为28%的燕麦种子在不同处理条件下（图7-2），贮藏6~18个月种子*APX1*基因表达量较低，且相互间差异不显著（$P>0.05$），却显著低于CK、CDT处理（$P<0.05$）。CK、CDT处理种子的*APX1*表达量间无显著差异（$P>0.05$）。

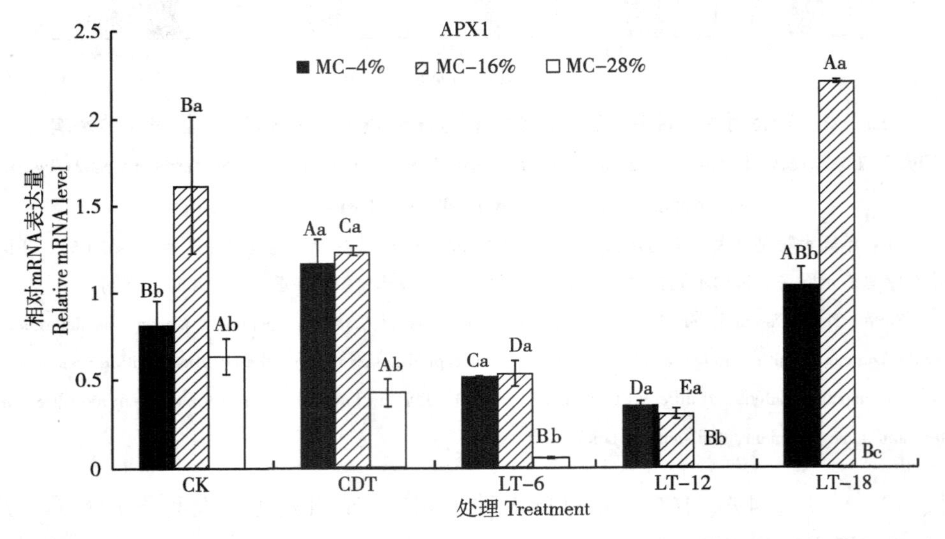

图7-2 贮藏时间、控制劣变处理对不同含水量燕麦种子*APX1*基因表达的影响

Fig. 7-2 Effect of storage duration and controlled deterioration treatments on *APX1* gene expression of oat seeds with different moisture content

三、贮藏时间、控制劣变处理对不同含水量燕麦种子*CAT1*基因表达的影响

通过*CAT1*基因表达的分析，不同含水量的燕麦种子测定结果显示

（图 7-3），未经控制劣变处理（CK）的燕麦种子 *CAT1* 基因表达量在 4%～28%含水量时无显著差异（$P>0.05$）。CDT 处理燕麦种子 *CAT1* 基因表达量随着含水量的增加呈现显著性下降（$P<0.05$）。在 4℃下贮藏 6 个月后，16%含水量种子的 *CAT1* 基因表达量最高，且显著高于 4%、28%含水量的种子（$P<0.05$），而 28%含水量种子的 *CAT1* 基因表达量最低；当贮藏 12 个月后，*CAT1* 基因表达量随着含水量的增加呈现显著下降（$P<0.05$）；经过 18 个月贮藏后，4%、16%含水量种子 *CAT1* 基因表达量无显著性差异（$P>0.05$），但均显著高于 28%含水量的种子（$P<0.05$）。

含水量为 4%的燕麦种子在不同处理条件下（图 7-3），CDT 处理种子 *CAT1* 基因的表达量最高，与其他处理间差异显著（$P<0.05$）。贮藏 18 个月种子 *CAT1* 基因表达量最低，且与其他处理间差异显著（$P<0.05$）。贮藏 6 个月与 12 个月种子 *CAT1* 基因表达量无显著性差异（$P>0.05$），但是显著低于 CK 种子 *CAT1* 基因表达量（$P<0.05$）。

含水量为 16%的燕麦种子在不同处理条件下（图 7-3），贮藏 6 个月 *CAT1* 基因表达量最高，与其他处理间差异显著（$P<0.05$）。CK、CDT 和贮藏 12 个月、18 个月处理种子 *CAT1* 基因表达量依次下降，且相互间具有显著性差异（$P<0.05$）。贮藏 18 个月燕麦种子 *CAT1* 基因表达量最低。

含水量为 28%的燕麦种子在不同处理条件下（图 7-3），CK 种子的 *CAT1* 基因表达量最高，且与其他处理间差异显著（$P<0.05$）。贮藏 18 个月燕麦种子 *CAT1* 基因表达量最低，且与其他处理间差异显著（$P<0.05$）。CDT 和贮藏 6 个月处理种子 *CAT1* 基因表达量无显著性差异（$P>0.05$），且均高于贮藏 12 个月燕麦种子（$P<0.05$）。

四、贮藏时间、控制劣变处理对不同含水量燕麦种子 *P5CS1* 基因表达的影响

通过 *P5CS1* 基因表达的分析，不同含水量的燕麦种子测定结果显示（图 7-4），未经控制劣变处理（CK）的燕麦种子 *P5CS1* 基因表达量，随着含水量的增加而呈现显著上升（$P<0.05$）。CDT 处理后，16%含水量种子的 *P5CS1* 基

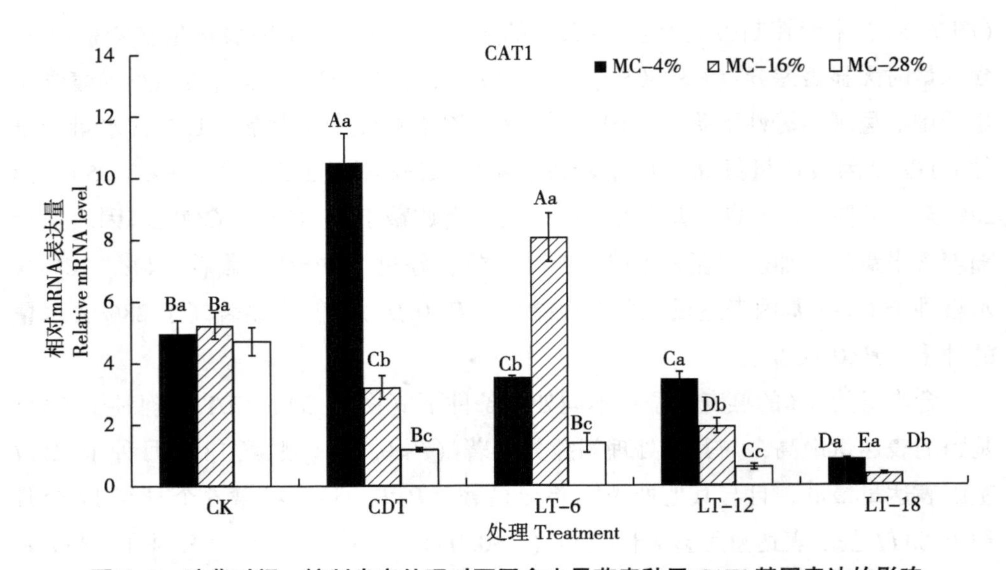

图 7-3　贮藏时间、控制劣变处理对不同含水量燕麦种子 *CAT1* 基因表达的影响

Fig. 7-3　Effect of storage duration and controlled deterioration treatments on *CAT1* gene expression of oat seeds with different moisture content

因表达量最高，显著高于 4%、28% 含水量种子（$P<0.05$），28% 含水量种子 *P5CS1* 基因表达量最低。燕麦种子在 4℃ 下贮藏 6 个月后，16% 含水量种子的 *P5CS1* 基因表达量最高，且显著高于 4%、28%含水量种子（$P<0.05$），而 4%含水量的 *P5CS1* 基因表达量最低；贮藏 12 个月后，16%含水量种子的 *P5CS1* 基因表达量最高，且显著高于 4%、28%含水量种子（$P<0.05$），而 4%与 28%含水量种子的 *P5CS1* 基因表达量没有显著性差异（$P>0.05$）；贮藏 18 个月后，16%含水量种子的 *P5CS1* 基因表达量最高，且显著高于 4%、28%含水量的种子（$P<0.05$），而 28%含水量种子的 *P5CS1* 基因表达量最低（图 7-4）。

含水量为 4%的燕麦种子在不同处理条件下（图 7-4），贮藏 18 个月的种子 *P5CS1* 基因表达量最高，且与其他处理间差异显著（$P<0.05$）。CK、贮藏 6 个月与 12 个月间种子 *P5CS1* 基因表达量没有显著性差异（$P>0.05$），但显著低于 CDT 处理种子 *P5CS1* 基因表达量（$P<0.05$）。含水量为 16%的燕麦种子在不同处理条件下（图 7-4），贮藏 18 个月的种子 *P5CS1* 基因表达量最高，且与其他处

理间差异显著（$P<0.05$）。CDT、贮藏 6 个月与 12 个月、CK 间种子 *P5CS1* 基因表达量一次下降，并具有显著性差异（$P<0.05$），CK 种子 *P5CS1* 基因表达量最低。

含水量为 28%的燕麦种子在不同处理条件下（图 7-4），CK 种子 *P5CS1* 基因表达量最高，且与其他处理间差异显著（$P<0.05$）。CDT、贮藏 6 个月与 18 个月种子 *P5CS1* 基因表达量间没有显著性差异（$P>0.05$），但均显著高于贮藏 12 个月种子（$P<0.05$）。贮藏 12 个月 *P5CS1* 基因表达量最低。

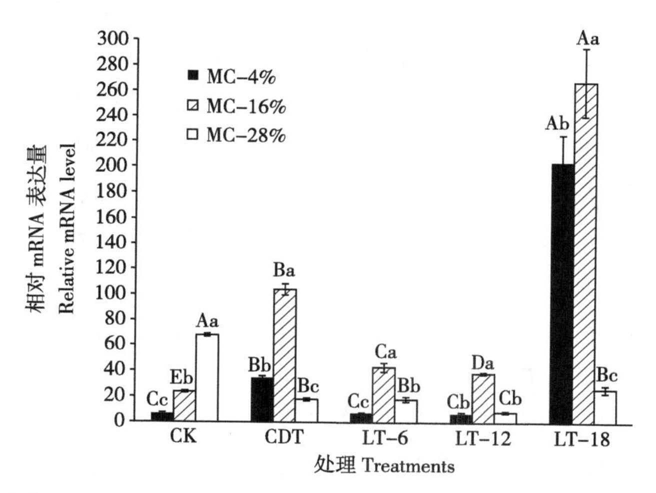

图 7-4　贮藏时间、控制劣变处理对不同含水量燕麦种子 *P5CS1* 基因表达的影响

Fig. 7-4　Effect of storage duration and controlled deterioration treatments on *P5CS1* gene expression of oat seeds with different moisture content

注：不同大写字母表示相同含水量不同处理燕麦种子 *P5CS1* 基因表达量差异显著（$P<0.05$），不同小写字母表示同一处理内不同含水量燕麦种子 *P5CS1* 基因表达量差异显著（$P<0.05$）。CK，CDT，LT-6，LT-12 采用左边纵坐标，LT-18 采用右边纵坐标。

Note: The different letters indicate significant differences at 0.05 level among treatments as determined by the Duncan's multiple range test. Means with different capital letters indicate the significant differences of seed at same moisture content and different treatments, and with different lowcase letters at the different moisture content and same treatment. CK, CDT, LT-6, LT-12 using left Y-axis, LT-18 using right Y-axis.

五、贮藏时间、控制劣变处理对不同含水量燕麦种子 *PDH1* 基因表达的影响

通过 *PDH1* 基因表达的分析，不同含水量的燕麦种子测定结果显示（图 7-5），未经控制劣变处理（CK）的燕麦种子 *PDH1* 基因表达量，在 4%含水量时显著低于 16%、28%含水量种子（*P*<0.05）。燕麦种子经过控制劣变处理后，16%含水量种子 *PDH1* 显著高于 4%、28%含水量种子（*P*<0.05），28%含水量种子的 *PDH1* 基因表达量最低。燕麦种子在 4℃下贮藏 6 个月后，随着含水量的增加，*PDH1* 基因表达量呈现上升趋势；燕麦种子在 4℃下贮藏 12 个月后，随着含水量的增加，*PDH1* 基因表达量呈现下降趋势，仅在 4%和 28%含水量间 *PDH1* 基因表达量差异显著（*P*<0.05）；经过 18 个月贮藏后，随着含水量的增加，*PDH1* 基因表达量显著下降（*P*<0.05），28%含水量最低（图 7-5）。

含水量为 4%的燕麦种子在不同处理条件下（图 7-5），种子 *PDH1* 基因表达量随着贮藏时间的延长而上升，并且贮藏 6 个月、12 个月、18 个月间具有显著性差异（*P*<0.05）。控制劣变处理后种子 *PDH1* 基因表达量与贮藏 12 个月、CK 种子没有显著性差异（*P*>0.05）。

含水量为 16%的燕麦种子在不同处理条件下（图 7-5），种子 *PDH1* 基因表达量在贮藏 12 个月最低，贮藏 18 个月最高，并且差异显著（*P*<0.05）。控制劣变处理后种子 *PDH1* 基因表达量显著高于 CK、贮藏 6 个月和 12 个月种子（*P*<0.05）。CK、贮藏 6 个月和 12 个月种子 *PDH1* 基因表达量间差异显著（*P*<0.05）。

含水量为 28%的燕麦种子在不同处理条件下（图 7-5），种子 *PDH1* 基因表达量随着贮藏时间的延长呈现显著性下降（*P*<0.05），但贮藏 12 个月和 18 个月种子 *PDH1* 基因表达量间差异不显著（*P*>0.05）。贮藏 6 个月与 CK 种子 *PDH1* 基因表达量最高，且二者间差异不显著（*P*>0.05），与控制劣变处理种子 *PDH1* 基因表达量有显著差异（*P*<0.05）。控制劣变处理种子 *PDH1* 基因表达量显著高于贮藏 12 个月、18 个月燕麦种子（*P*<0.05）。

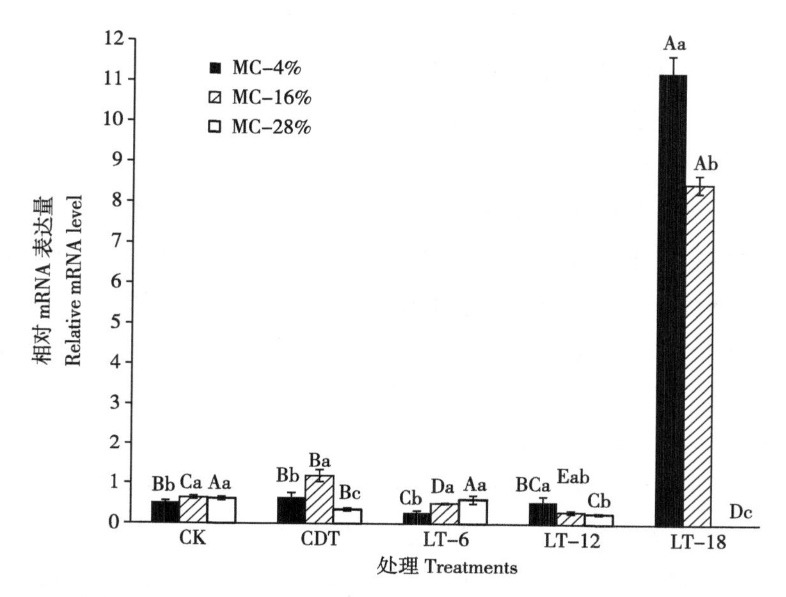

图 7-5　贮藏时间、控制劣变处理对不同含水量燕麦种子 *PDH1* 基因表达的影响

Fig. 7-5　Effect of storage duration and controlled deterioration treatments on *PDH1* gene expression of oat seeds with different moisture content

注：不同大写字母表示相同含水量不同处理燕麦种子 *PDH1* 基因表达量差异显著（$P<0.05$），不同小写字母表示同一处理内不同含水量燕麦种子 *PDH1* 基因表达量差异显著（$P<0.05$）。CK，CDT，LT-6，LT-12 采用左边纵坐标，LT-18 采用右边纵坐标。

Note: The different letters indicate significant differences at 0.05 level among treatments as determined by the Duncan's multiple range test. Means with different capital letters indicate the significant differences of seed at same moisture content and different treatments, and with different lowcase letters at the different moisture content and same treatment. CK, CDT, LT-6, LT-12 using left Y-axis, LT-18 using right Y-axis.

第三节　讨　论

SOD 是整个抗氧化酶促系统中的第一道防线。*SOD1* 基因是编码 Cu/Zn SOD，很多研究表明，在胁迫条件下，植物体内的超氧化物歧化酶基因 *SOD1* 与植物抗氧化胁迫能力呈正比关系。但是 Vaseva 等（2012）研究表明，老化的燕麦种子中，Cu/ZnSOD 被 FeSOD 所抑制。本试验中，相同含水量不同贮藏时间以及相同贮藏时间不同含水量的燕麦种子 *SOD1* 基因表达量与 SOD 活性均呈现不同规律，表明 *SOD1* 基因并非 SOD 活性主要贡献者。

CAT 以及 APX 是植物体内 H_2O_2 的主要清除酶，可以清除代谢过程中产生的 ROS。本试验中，相同贮藏时间，随着含水量的上升，*CAT1* 和 *APX1* 基因表达量与 CAT 和 APX 活性变化规律一致，表明 *APX1* 和 *CAT1* 基因是老化燕麦种子中主要的 H_2O_2 清除酶。在 4%、16%含水量贮藏 6 个月时，CAT 基因 *CAT1* 基因表达量上调，这一结果表明，低温低含水量贮藏一定时间时，*CAT1* 基因响应种子老化，提高 CAT 活性，清除 ROS，保持种子高活力（Park et al.，2006）。此外，有研究表明 *CAT1* 受胁迫抑制，表达量下调（褚妍，2011）。在燕麦种子控制劣变，低温贮藏 12 个月及 18 个月时，*CAT1* 基因表达量随着水分含量上升而下调，在相同含水量时，随着贮藏时间的延长而下调，表明种子老化程度加深时，*CAT1* 基因受抑制，CAT 活性下降，不能清除多余的 ROS，这可能是种子随着老化程度加深，活力下降的原因之一。*APX1* 在 28%含水量经过贮藏的种子中均未表达，这可能是由于 *APX1* 基因对水分更为敏感。*CAT1* 与 *APX1* 比较发现，4%和 10%含水量经过 18 个月贮藏时，种子 *APX1* 基因表达量显著上升，而 *CAT1* 下调，种子活力高，这表明在种子老化时，不同的基因通过不同途径调控种子酶促清除系统的不同阶段，温度、含水量以及贮藏时间是由不同酶促清除系统基因所响应，它们是相互作用共同保持种子活力。

P5CS1 基因（Δ1-吡咯琳-5-羧酸合成酶基因）是脯氨酸合成过程中的一个限速酶（Yoshiba et al.，1995），它由于胁迫诱导表达，与脯氨酸积累之间有着显著相关性（朱虹等，2009）。在水稻、冰草等多种植物中过表达 *P5CS1* 基因，可以提高抗逆性及耐受性（Choudhary et al.，2005）。燕麦种子 4%含水量贮藏 6 个月及 12 个月与 CK 的 *P5CS1* 基因表达量一致，当贮藏时间上升为 18 个月以及控制劣变情况下，*P5CS1* 基因表达量显著升高。当含水量增加至 16%时，*P5CS1* 基因表达量显著升高，表明随着老化程度的加深，*P5CS1* 基因表达量增加，从而提高了种子的抗逆性及耐受性。而当含水量增加到 28%时，控制劣变以及低温贮藏

的种子 *P5CS1* 基因表达量下降，此时，种子脯氨酸含量上升明显，这可能是由于在胁迫条件下大量累积的脯氨酸作为反馈调节物质抑制 *P5CS1* 基因的表达。

植物中脯氨酸脱氢酶（*PDH1*）基因最早从拟南芥中分离得到，可被脯氨酸诱导而上调，而被胁迫所抑制（Kiyosue et al.，1996）。燕麦种子低温贮藏 6 个月、CK 的 *PDH1* 基因表达量上升，正常条件下，脯氨酸抑制 *P5CS1* 而诱导 *PDH1* 基因表达量，这一结果表明在低温条件下贮藏并没有引发严重种子劣变。CDT 种子 *PDH1* 基因表达量在含水量为 4%～16%时上升，表明在低含水量条件下控制劣变并未引发严重种子劣变。有研究表明在胁迫时，*PDH1* 基因表达量受抑制，使 Pro 积累，增强抗胁迫能力（Yoshiba et al.，1997）。当燕麦种子贮藏时间延长到 12～18 个月或者含水量上升到 28%时，*PDH1* 基因表达量下降，这一结果表明，种子老化后，*PDH1* 基因对增加种子抗胁迫能力起作用，是抗种子老化，保持种子活力原因之一。

第八章　讨论和结论

第一节　讨　论

一、水分含量、温度及贮藏时间对种子的影响

在种子贮藏过程中，水分含量影响种子劣变速度，其中包括环境的相对湿度和种子本身的含水量两方面，前者是间接影响，后者是直接影响。本研究中燕麦种子在含水量为28%时，发芽率下降为47%，含水量在4%~22%时，发芽率为97%。呼吸速率随着水分含量增加而下降，$O_2\cdot^-$产生速率及H_2O_2含量在4%~22%含水量时，保持不变，当水分含量增加至28%时，$O_2\cdot^-$产生速率及H_2O_2含量上升，3种清除酶，SOD活性4%~28%保持不变，CAT活性在28%时增加，APX活性在4%含水量较低，随后上升，16%~28%含水量呈下降趋势，非酶促清除系统中的抗坏血酸含量保持不变，脯氨酸随着含水量增加而上升，而有毒物质MDA含量在4%~16%含水量时下降，16%~28%含水量时上升。与此同时，*SOD1*基因表达量在28%含水量时上调，*CAT1*基因表达量不变，*APX1*基因表达量先上升再下降，脯氨酸合成基因*P5CS1*基因表达量随着含水量上升而上调，降解酶*PDH1*基因表达量不变。这一结果表明，APX活性及*APX1*基因受水分影响显著，水分可以调节*P5CS1*基因表达量，大量产生脯氨酸，抗种子老化，而*SOD1*基因表达量在28%含水量时产生响应。种子活力在28%含水量时下降，但是蛋白质谱没有变化，说明28%含水量并未引起种子重度老化。

温度是影响种子新陈代谢的因素。研究表明，在 0~50℃范围内，贮藏种子的环境温度每上升 5℃，种子寿命就会缩短 1/3。水稻种子在低温低湿条件下可长期贮藏，当含水量过低时，发芽率便会迅速下降，电解质外渗量多，破坏膜的完整性。本研究中燕麦种子在相同含水量，相同贮藏时间时，低温贮藏的发芽率较室温贮藏发芽率高，含水量为 28%时发芽率均降为 0%。$O_2\cdot^-$产生速率，在 4%~16%含水量低温贮藏时低于室温贮藏，在 22%~28%含水量时，室温贮藏 $O_2\cdot^-$产生速率较低，H_2O_2 含量在 4%~16%含水量时，低温贮藏高于室温贮藏，在 22%~28%含水量时，则相反，表明在不同温度时，ROS 以不同的形式存在。CAT 活性低温高于室温，SOD 活性除贮藏 12 个月外，室温高于低温，APX 活性变化无规律，SOD 活性在室温条件下较低温条件下活跃，它可以催化 $O_2\cdot^-$产生 H_2O_2，从而影响 ROS 在不同温度时的存在形式，而 CAT 活性则相反，APX 不受温度影响。脯氨酸含量则是室温高于低温贮藏。AsA 含量，除 12 个月贮藏外，低温高于室温贮藏，MDA 含量除贮藏 12 个月外，低温贮藏低于室温贮藏。与此同时，低温贮藏 6 个月的种子蛋白质谱与未进行贮藏的种子蛋白质谱相同，表明 6 个月内低温贮藏种子老化程度轻，不引起蛋白质水平变化，而在含水量为 28%时，低温贮藏种子蛋白质在 70 kDa 处有差异，而室温贮藏在 70 kDa、35 kDa 及 25 kDa 处都有差异，表明室温贮藏对蛋白质破坏较低温贮藏严重。总之，低温是种子贮藏的有利因素。

贮藏时间同样对种子老化有重要意义。相同含水量，相同贮藏温度时，随着贮藏时间的延长，发芽率呈现下降趋势，但是 12 个月与 18 个月之间不存在显著性差异。$O_2\cdot^-$产生速率，随着贮藏时间延长而上升，但是在室温 28%含水量时，随着贮藏时间延长而下降，H_2O_2 含量，在 4%、10%含水量时，随着贮藏时间延长而上升，但是高含水量时，则相反。APX 活性、SOD 活性随着贮藏时间延长而下降，CAT 活性随着贮藏时间的延长，在 6~18 个月贮藏时室温低含水量时下降，10%、16%含水量时上升，22%~28%含水量，先上升后下降，在低温贮藏时，4%、22%及 28%含水量呈现上升趋势，其余为下降趋势。AsA 含量及脯氨酸含量随着贮藏时间延长而上升。MDA 含量除低温 4%、10%含水量随着贮藏时间延长上升外，其余均随时间延长而下降。与此同时，*P5CS1* 随着贮藏时间延长上升，*PDH1* 在4%、16%含水量时随着贮藏时间延长上升，但28%含水量时则相反。*CAT1* 随着贮藏时间延长下降，*APX1* 先下降再上升，而 *SOD1* 在 4%含水量时上升，16%含水量时先下降再上升，28%含水量时下降。蛋白质在室温时，随着贮藏时间延长，谱带无差异，而低温时，12 个月贮藏与 18 个月贮藏无差异。这一结果表明，在 6 个月贮藏与 12 个月贮藏存在差异，12 个月、18 个月贮藏差异不显著。

二、控制劣变对种子的影响

控制劣变处理可以导致种子活力快速下降，影响种子发芽势以及发芽率，是短时间内研究种子劣变过程生理生化反应的有效手段。随着含水量的增加，控制劣变种子发芽率下降，4%～16%无显著性差异。$O_2\cdot^-$产生速率，随着含水量的增加而上升，4%～16%无显著性差异，H_2O_2 含量先下降再上升，10%～22%含水量无显著性差异，APX 活性先上升再下降，CAT 活性下降，SOD 活性不变，AsA 含量不变，脯氨酸含量上升，MDA 含量先下降再上升。这一结果与只经水分含量调整的对照种子变化规律最为相似，其次与低温贮藏 6 个月及 12 个月的变化规律相近，但是，活性及含量差异显著。蛋白质谱与低温贮藏 12 个月及 18 个月的相同。同时，*SOD1* 基因、*APX1* 基因、*CAT1* 基因以及 *P5CS1* 基因表达规律随着水分含量上升，与低温贮藏 12 个月的最为相似，但表达量差异明显。因此，45℃，48 h 控制劣变仅可以模拟低温贮藏 12 个月不同含水量燕麦种子自然老化过程。

在控制劣变过程中，水分含量是影响种子活力的一个关键因素，种子在 4%～16%含水量时维持高活力，22%～28%含水量时，迅速下降，$O_2\cdot^-$产生速率与 H_2O_2 含量等 ROS 上升。此时，蛋白质功能鉴定发现与呼吸及 ROS 积累相关的蛋白质下调，这些蛋白质可能是引起高水分含量下种子劣变的原因。

第二节　结　论

燕麦种子可维持高活力的贮藏条件为：室温时，4%和 10%含水量短于 6 个月；低温时，4%和10%含水量可贮藏至少18个月，16%和22%含水量短于6个月。

$O_2\cdot^-$产生速率，在4%~16%含水量低温贮藏时低于室温贮藏，在22%~28%含水量时，室温贮藏$O_2\cdot^-$产生速率较低，H_2O_2含量在4%~16%含水量时，低温贮藏高于室温贮藏，在22%~28%含水量时，则相反，表明在不同温度时，ROS以不同的形式存在，含水量在16%时为转折点。

低温贮藏时，燕麦种子酶促抗氧化系统与非酶促抗氧化系统协同作用，在4%~16%含水量时，抗氧化酶起主要作用，而在22%和28%含水量时，脯氨酸起重要作用。随着含水量增加以及贮藏时间的延长，CAT与APX变化规律不同。CAT对高含水量响应更快，APX在4%含水量时，对贮藏时间更敏感，二者协同作用。

燕麦种子老化过程中，*SOD1*基因并非主要的SOD活力贡献者，而*CAT1*基因和*APX1*基因则起主要作用。燕麦种子低温低含水量贮藏一定时间内，种子形成轻度老化，*P5CS1*基因与*PDH1*基因可以共同调节脯氨酸含量来抵抗种子老化，当含水量上升及贮藏时间延长时，*PDH1*基因下调，脯氨酸大量积累得以保持种子活力。

燕麦种子老化后，在28%含水量，70 kDa处有22个差异蛋白下调，包括贮藏蛋白、能量代谢相关蛋白、氨基酸代谢相关蛋白、氧化还原蛋白等；35 kDa处有5个下调蛋白，分别是2个能量代谢相关蛋白，1个氧化还原蛋白，1个翻译蛋白以及1个其他蛋白；25 kDa处有6个差异蛋白，其中1个为上调蛋白，5个为下调蛋白。

老化燕麦种子蛋白质分析及MDA含量测定发现，在28%含水量时，MDA含量增加，β-醛脱氢酶含量下降，表明β-醛脱氢酶是清除MDA所必需的蛋白质。在28%含水量时，TCA循环所包含的7个蛋白质与呼吸指标RGT、OMR和IMT变化一致。

参考文献

毕辛华，戴心维，1993. 种子学［M］. 北京：中国农业出版社，54-55.

薄丽萍，吴震，蒋芳玲，等，2011. 不结球白菜种子活力及抗氧化特性在人工老化过程中的变化［J］. 西北植物学报，31（4）：724-730.

常书娟，2006. 羊草种子劣变及其膜结构和透性变化关系的研究［D］. 北京：中国农业大学.

陈润政，周晓强，傅家瑞，1989. 不同贮藏湿度对红麻种子活力一些生理生化变化的影响［J］. 种子（3）：5-7，13.

陈信波，1989. 综述水稻种子劣变及生活力的丧失［J］. 种子（3）：27-31.

程红焱，2004. 油菜种子含油量与超干处理效果的关系：种子生理研究［M］. 北京：科学出版社，241-247.

程红焱，郑光华，陶嘉龄，1991. 超干处理对几种芸苔属植物种子生理生化和细胞超微结构的效应［J］. 植物生理与分子生物学学报，17（3）：273-284.

褚妍，2011. PEG 预处理对水分胁迫下水稻抗氧化酶同工酶及其表达的影响［D］. 沈阳：沈阳师范大学.

崔鸿文，王飞，1992. 黄瓜种子人工老化过程中某些生理生化规律研究［J］. 西北农业大学学报，20（1）：51-54.

德科加，周青平，刘文辉，等，2007. 施氮量对青藏高原燕麦产量和品质的影响［J］. 中国草地学报，29（5）：43-48.

董贵俊，2006. 向日葵种质资源相关的基础研究［D］. 北京：中国科学院.

董鸿运，班青，乔玉玲，1987. 杉木、马尾松种子人工老化过程中某些生理生化变化规律的研究［J］. 种子（2）：93-101.
杜秀敏，殷文璇，赵彦修，等，2001. 植物中活性氧的产生及清除机制［J］. 生物工程学报，17（2）：121-125.
范国强，刘玉礼，1995. 花生种子人工老化过程中发芽率和蛋白质的变化［J］. 河南农业大学学报，29（4）：337-340.
方玉梅，宋明，2006. 种子活力研究进展［J］. 种子科技（2）：33-36.
傅家瑞，1985. 种子生理［M］. 北京：科学出版社，112-135.
高荣岐，张春庆，2009. 作物种子学［M］. 北京：中国农业出版社，35-36.
郭刚，原现军，林园园，等，2014. 添加糖蜜与乳酸菌对燕麦秸秆和黑麦草混合青贮品质的影响［J］. 草地学报，22（2）：409-413.
郭红媛，贾举庆，吕晋慧，等，2014. 燕麦属种质资源遗传多样性及遗传演化关系 ISSR 分析［J］. 草地学报，22（2）：344-351.
韩建国，牛忠联，2000. 老芒麦种子发育过程中的生理生化变化［J］. 草地学报，8（4）：237-244.
韩亮亮，毛培胜，2007. 燕麦种子人工加速老化条件的筛选优化［J］. 种子，26（11）：31-34.
何大澄，肖雪媛，2002. 差异蛋白质组学及其应用［J］. 北京师范大学学报，38（4）：558-562.
侯建杰，赵桂琴，焦婷，等，2014. 不同含水量及晒制方法对燕麦青干草品质的影响［J］. 中国草地学报，36（1）：69-74.
胡晋，龚利强，1996. 超低温保存对西瓜种子活力和生理生化特性的影响［J］. 种子（2）：25-28.
胡廷会，李立军，李杨，等，2013. 结瘤因子和苏芸金菌素对干旱胁迫下燕麦产量及其保护酶活性的影响［J］. 西北植物学报，33（12）：2451-2458.
皇甫海燕，官春云，郭宝顺，等，2006. 蛋白质组学及植物蛋白质组学研究进展［J］. 作物研究，20（5）：577-581.

黄上志，汤学军，2000. 莲子超氧物歧化酶的特性分析［J］. 植物生理学报，26（6）：492-496.
姜文，2006. 小麦种子活力及其与酶和贮藏蛋白关系的研究［D］. 合肥：安徽农业大学.
姜义宝，郑秋红，王成章，等，2009. 超干贮藏对菊苣种子活力与抗氧化性的影响［J］. 草业学报，18（5）：93-97.
柯德森，孙谷畴，王爱国，2003. 低温诱导绿豆黄化幼苗乙烯产生过程中活性氧的作用［J］. 植物生理与分子生物学学报，29（2）：127-132.
李玲，余光辉，2003. 水分胁迫下植物脯氨酸累积的分子机理［J］. 华南师范大学学报（1）：126-134.
李培峰，1995. 活性氧对铜锌超氧化物歧化酶的氧化修饰作用［J］. 生理科学进展，26（1）：50-52.
李青丰，易津，房丽宁，等，1996. 种子的劣变及劣变原因的研究［J］. 内蒙古农牧学院学报，2（17）：59-65.
李稳香，颜启传，1997. 杂交水稻自然老化种子与人工老化种子差异研究［J］. 杂交水稻，12（3）：26-28.
李武，2010. 活性氧对生长抑素的调节与代谢综合征的关系研究［D］. 无锡：江南大学.
李颜，王倩，2007. 大葱种子人工老化与膜脂过氧化的研究［J］. 种子（3）：3-27.
李珍珍，韩阳，2000. 抗坏血酸对小麦种子老化及幼苗脂质过氧化的影响［J］. 辽宁大学学报，27（2）：170-172.
李卓杰，傅家瑞，1988. 人工老化和聚乙二醇（PEG）对花生种子活力及乙烯释放的影响［J］. 种子（5）：1-5.
廉佳杰，2009. 含水量对燕麦种子劣变影响的研究［D］. 北京：中国农业大学.
刘凤歧，刘杰淋，朱瑞芬，等，2015. 4 种燕麦对 NaCl 胁迫的生理响应及耐盐性评价［J］. 草业学报，24（1）：183-189.

刘军，黄上志，傅家瑞，1999. 不同活力玉米种子胚萌发过程中蛋白质的变化［J］. 热带亚热带植物学报，7（1）：65-69.
刘明久，王铁固，陈士林，等，2008. 玉米种子人工老化过程中生理特性与种子活力的变化［J］. 核农学报，22（4）：510-513.
刘霞，刘景辉，李立军，等，2014. 耕作措施对燕麦田土壤水分、温度及出苗率的影响［J］. 麦类作物学报，34（5）：692-697.
刘宣雨，刘树军，程红炎，等，2008. 甜高粱种子人工老化过程中活性氧清除酶活性的变化［J］. 植物生理学通讯，44（4）：719-722.
刘义玲，李天来，孙周平，等，2010. 根际低氧胁迫对网纹甜瓜生长、根呼吸代谢及抗氧化酶活性的影响［J］. 应用生态学报（6）：1439-1445.
刘月辉，王登花，黄海龙，等，2003. 辣椒种子老化过程中的生理生化分析［J］. 种子（2）：51-52.
毛培胜，常淑娟，王玉红，等，2008. 人工老化处理对羊草种子膜透性的影响［J］. 草业学报，17（6）：66-70.
毛培胜，2011. 牧草与草坪草种子科学与技术［M］. 北京：中国农业大学出版社，242-254.
孟祥栋，李曙轩，1992. 菜用大豆种子活力与 DNA、RNA 及蛋白质合成的关系［J］. 植物生理学报，18（2）：121-125.
南铭，马宁，刘彦明，等，2015. 燕麦种质资源农艺性状的遗传多样性分析［J］. 干旱地区农业研究，33（1）：262-267.
浦心春，韩建国，王培，等，1996. 高羊茅种子生活力丧失过程中遗传物质的降解［J］. 草地学报，4（3）：180-185.
戚向阳，曹少谦，刘合生，等，2014. 不同品种燕麦的油脂组成及与其它营养物质相关性研究［J］. 中国食品学报，14（5）：63-71.
钱小红，贺福初，2003. 蛋白质组学：理论与方法［M］. 北京：科技出版社.
曲祥春，何中国，郝文媛，等，2006. 我国燕麦生产现状及发展对策［J］. 杂粮作物，26（3）：233-235.

沈文飚，徐朗莱，叶茂炳，1997．外源抗坏血酸和过氧化氢对小麦离体叶片衰老的调节［J］．植物生理学通讯，33（5）：338-340.
宋松泉，程红焱，姜孝成，2008．种子生物学［M］．北京：科学出版社，255-275.
宋松泉，傅家瑞，1997．黄皮种子脱水敏感性与脂质过氧化作用［J］．植物生理学报，23（2）：163-168.
孙光玲，王海军，李海峰，等，2004．烤烟种子活力测定方法的相关分析［J］．烟草科技（1）：10-25.
孙海平，汪晓峰，2009．植物线粒体中活性氧的产生与抗氧化系统［J］．现代农业科技（8），239-241.
孙红梅，辛霞，林坚，2004．温度对玉米种子贮藏最适含水量的影响［J］．中国农业科学，37（5）：656-662.
孙咏梅，戴树桂，2001．香烟烟雾成分分析及其对DNA生物氧化能力研究［J］．环境与健康杂志，18（4）：203-207.
谭富娟，范传珠，马缘生，等，1997．燕麦种子贮存后遗传完整性研究［J］．种子，91（5）：9-12.
汤学军，傅家瑞，1997．植物胚胎发育后期富集（LEA）蛋白的研究进展［J］．植物学通报，14（1）：13-18.
唐祖君，宋明，1999．大白菜种子人工老化及劣变的生理生化分析［J］．园艺学报，26（5）：319-322.
陶嘉龄，郑光华，1991．种子活力［M］．北京：科学出版社，173-174.
田莉华，王丹丹，沈禹颖，2015．麦类作物粮饲兼用研究进展［J］．草业学报，24（2）：185-193.
田茜，2011．人工老化对大豆种子线粒体结构功能和抗氧化系统的影响［D］．北京：中国农业科学院.
万晶宏，贺福初，1999．蛋白质组技术的研究进展［J］．科学通报，44（9）：904-911.
汪晓峰，丛滋金，1997．种子活力的生物学基础及提高和保持种子活力的研究进展［J］．种子（6）：36-39.
王爱国，邵从本，罗广华，等，1990. 活性氧对大豆下胚轴线粒体结构与功能的损伤［J］．植物生理学报，16（1）：13-18.
王波，宋凤斌，2006. 燕麦对盐碱胁迫的反应和适应性［J］．生态环境，15（3）：625-629.
王国成，曹娴，2007. 镉胁迫下植物的应答和调控［J］．内蒙古环境科学，19（2）：40-43.
王贺正，马均，李旭毅，等，2007. 水分胁迫对水稻结实期活性氧产生和保护系统的影响［J］．中国农业科学，40（7）：1379-1387.
王娟，李德全，2001. 逆境条件下植物体内渗透调节物质的积累与活性氧代谢［J］．植物学通报，18（4）：459-465.
王巧玲，花立民，杨思维，2014. 不同干燥方式对不同生育期燕麦失水和营养成分的影响［J］．中国草地学报，36（4）：92-98.
王彦荣，刘友良，沈益新，2001. 种子劣变的生理学研究进展综述［J］．草地学报（3）：159-164.
王彦荣，余玲，2002. 数种牧草种子劣变的生活力与膜透性的关系［J］．草业学报，11（3）：85-91.
王玉红，2008. 高羊茅、老芒麦、燕麦种子劣变与膜结构和透性关系的研究［D］．北京：中国农业大学.
王煜，钱秀珍，1994. 油菜种子老化过程中的生理生化变异［J］．中国油料，16（3）：11-14.
乌云塔娜，张党权，谭晓风，2005. 蛋白质组学及其在植物研究中的应用［J］．中南林学院学报，25（4）：115-119.
吴聚兰，周小梅，范玲娟，等，2011. 人工老化对大豆种子活力和生理生化特性的影响［J］．中国油料作物学报，33（6）：582-587.
吴淑君，王爱国，1990. 种子自然老化时蛋白质类型的变化［J］．种子（2）：8-11.
吴松锋，2005. 蛋白质组表达谱基本生物信息学研究及全蛋白质组等电点分布研究［D］. 北京：中国人民解放军军事医学科学院.
吴晓亮，陈晓玲，辛萍萍，等，2006. 超干燥处理对豌豆种子抗氧化系统酶及热稳定蛋白的影响［J］. 园艺学报，33（3）：523-528.
徐飞，梁厚果，林宏辉，等，2009. 交替氧化酶节解耦联蛋白在植物线粒体中的作用及其相互联［J］. 植物生理学通讯，45（2）：105-110.
许令妊，1981. 牧草及饲料作物栽培学［M］. 北京：农业出版社，33-39.
闫慧芳，毛培胜，夏方山，2013. 植物抗氧化剂谷胱甘肽研究进展［J］. 草地学报，21（3）：428-434.
颜启传，1996. 种子学［M］. 北京：中国农业出版社，40-43.
杨剑平，唐玉林，1995. 小麦种子衰老的生理生化分析［J］. 种子（2）：13-14.
由淑贞，杨洪强，张龙，等，2009. 镉胁迫对平邑甜茶脂肪酸构成及脂质过氧化的影响［J］. 应用生态学报（8）：2032-2037.
于靖，王方，2007. 蛋白质组学研究技术及其联合应用［J］. 医学分子生物学杂志，4（4）：371-374.
允中，荣梁，2002. 自由基生物学的理论与应用［M］. 北京：科学出版社，55-58.
曾大力，钱前，国广泰史，等，2002. 稻谷储藏特性及其与籼粳特性的关系研究［J］. 作物学报，28（4）：551-555.
曾三省，1990. 中国玉米杂交种的种质基础［J］. 中国农业科学，23（4）：1-9.
张国安，2003. 生物质谱新技术及其在疾病蛋白质组研究中的应用［D］. 上海：复旦大学.
张海波，崔继哲，曹甜甜，等，2011. 大豆出苗期和苗期对盐胁迫的响应及耐盐指标评价［J］. 生态学报，31（10）：2805-2812.
张彤，张彦，1995. 油菜种子老化过程中的生理生化变化［J］. 河南师范大学学报：自然科学版，23（4）：59-62.
张巍巍，郑飞翔，王效科，等，2009. 臭氧对水稻根系活力、可溶性蛋白含量与抗氧化系统的影响［J］. 植物生态学报，33（3）：425-432.
张兆英，秦淑英，王文全，等，2003. 人工老化过程中黄芩种子发芽率、酶活性等变化规律的研究［J］. 河北林果研究，18（2）：120-123.
赵桂琴，慕平，魏黎明，2007. 饲用燕麦研究进展［J］. 草业学报，16（4）：116-125.
赵国余，1989. 蔬菜种子学［M］. 北京：北京农业大学出版社，56-65.
赵丽英，邓西平，山仑，1995. 活性氧清除系统对干旱胁迫的响应机制［J］. 西北植物学报，25（2）：413-418.
赵铁男，2007. 高效液相色谱技术影响因素的选择［J］. 分析试验室（S1）：340-341.
郑光华，1984. 论种子贮藏的关键问题［J］. 种子（4）：46-47.
郑光华，1986. 种子活力的原理及其应用［J］. 植物生理生化进展（4）：77-78.
郑曦，魏臻武，武自念，等，2013. 不同燕麦品种（系）在扬州地区的适应性评价［J］. 草地学报，21（2）：272-279.
朱诚，曾广文，景新明，等，2001. 洋葱种子含水量与贮藏温度对其寿命的影响［J］. 植物生理学报，27（3）：261-266.
朱虹，祖元刚，王文杰，等，2009. 逆境胁迫条件脯氨酸对植物生长的影响［J］. 东北林业大学学报，37（4）：86-89.
朱萍，孔令琪，毛培胜，等，2011. 贮藏温度对不同含水量老芒麦种子生理特性的影响［J］. 草业学报，20（6）：101-108.
朱世东，斐孝伯，1999. 香椿种子衰老机理［J］. 安徽农业科学，27（1）：62-63.
朱世东，黎世昌，1991. 韭菜种子老化因子初探［J］. 安徽农学院学报，18（1）：55-60.
朱世东，黎世昌，1990. 洋葱种子老化过程中的生理变化［J］. 植物生理学通讯（5）：29-31.
AGGARWAL K，LEE K H，2003. Functional genomics and proeomics as a foundation for systems biology［J］. Briefings in Functional Genomics and Pro-

teomics, 2 (3): 175-184.

ALAM I, SHARMIN S A, KIM K H, et al., 2011. Comparative proteomic approach to identify proteins involved in flooding combined with salinity stress in soybean [J]. Plant and Soil, 346 (1-2): 45-62.

AL-ANI A, PRADET A, 1985. Germination, respiration, and adenylate energy charge of seeds at various oxygen partial pressures [J]. Plant Physiology, 79 (3): 885-890.

ALIVAND R, AFSHARI R T, ZADEH F S, 2013. Effects of gibberellin, salicylic acid, and ascorbic acid on improvement of germination characteristics of deteriorated seeds of *Brassica napus* [J]. Iranian Journal of Field Crop Science (43): 561-571.

AMABLE R A, OBENDORF R L, 1986. Soybean seed respiration during simulated preharvest deterioration [J]. Journal of Experimental Botany, 37 (9): 1364-1375.

ANDERSON J D, 1973. Metabolic changes associated with senescence [J]. Seed Science and Technology (1): 401-416.

ANDERSON N L, ANDERSO N G, 1998. Proteome and proteomics: new technologies, new concepts, and new words [J]. Electrophoresis, 19 (11): 1853-2861.

ANDRE C, BENNING C, 2007. Arabidopsis seedlings deficient in a plastidic pyruvate kinase are unable to utilize seed storage compounds for germination and establishment [J]. Plant Physiology, 145 (4): 1670-1680.

ANNA M O, SMITH R, GEORGE R, et al., 2004. Activation and functionof mitochondrial uncoupling protein in plants [J]. The Journal ofBiological Chemistry, 297 (50): 51944-51952.

ARAÚJO W L, ISHIZAKI K, NUNES-NESI A, et al., 2010. Identification of the 2-hydroxyglutarate and isovaleryl-CoA dehydrogenases as alternative electron donors linking lysine catabolism to the electron transport chain of Arabidopsis mitochondria [J]. The Plant Cell Online, 22 (5): 1549-1563.

ASHRAF M, FOOLAD M R, 2007. Roles of glycine betaine and proline in improving plant abiotic stress resistance [J]. Environmental and Experimental Botany, 59 (2): 206-216.

BAILLY C, 2004. Active oxygen species and antioxidants in seed biology [J]. Seed Science Research, 14 (2): 93-107.

BAILLY C, BENAMAR A, CORBINEAU F, et al., 1996. Changes in malondialdehyde content and in superoxide dismutase, catalase and glutathione reductase activities in sunflower seeds as related to deterioration during accelerated aging [J]. Physiologia Plantarum, 97 (1): 104-110.

BAUD S, WUILLEME S, DUBREUCQ B, et al., 2007. Function of plastidial pyruvate kinases in seeds of Arabidopsis thaliana [J]. Plant Journal, 52 (3): 405-419.

BELLANI L M, SALVINI L, SCIALABBA A, et al., 2012. Reactive oxygen species release, vitamin E, fatty acid and phytosterol contents of artificially aged radish (*Raphanus sativus* L.) seeds during germination [J]. Acta Physiologiae Plantarum, 34 (5): 1789-1799.

BENTSINK L, 2006. Cloning of DOG1, a quantitative trait locus controlling seed dormancy in Arabidopsis [J]. Proceedings of the National Academy of Sciences, 103 (45): 17042-17047.

BEWLEY J D, BLACK M, 1994. Seeds [M]. Germany: Springer, 445-446.

BRADFORD K J, BELLO P, FU J C, et al. 2013. Single-seed respiration: a new method to assess seed quality [J]. Seed Science and Technology, 41 (3): 420-438.

BRILHANTE J C D, DE OLIVEIRA A B, SILVA J W L E, et al., 2013. Action of exogenous ascorbic acid on physiological quality of cowpea seeds artificially aged [J]. Semina-Ciencias Agrarias, 34 (3): 985-994.

BUCHVAROV P, GANTCHEFF T S, 1984. Influence of accelerated and natural aging on free radical levels in soybean seeds [J]. Physiologia Plantarum, 60 (1): 53-56.

CASOLO V, PETRUSSA E, KRAJNAKOVA J, MACRI F, et al., 2005. Involvement of the mitochondrial K (1) ATP channel in H2O2- or NO-induced programmed death of soybean suspension cell cultures [J]. Journal of Experimental Botany, 56 (413): 997-1006.

CATUSSE J, MEINHARD J, JOB C, et al., 2011. Proteomics reveals potential biomarkers of seed vigor in sugarbeet [J]. Proteomics, 11 (9): 1569-1580.

CHHETRI D R, RAI A S, BHATTACHARJEE A, 1993. Chemical manipulation of seed longevity of 4 crop species in an unfavorable storage environment [J]. Seed Science and Technology, 21 (1): 31-44.

CHING T M, SCHOOLCRAFT I, 1968. Physiological and chemical differences in aged seeds [J]. Crop Science, 8 (4): 407-409.

CHOUDHARY N L, SAIRAM R K, TYAGI A, 2005. Expression of D^{-}-pyrroline-5-carboxylate synthetase gene during drought in rice (*Oryza sativa* L.) [J]. Indian journal of Biochemistry & Biophysics, 42 (6): 366-370.

CLAUDINE C, TOM S, SUSAN R V, et al., 2012. Comparison of two headspace sampling techniques for the analysis of off-flavour volatiles from oat based products [J]. Food Chemistry, 134 (3): 1592-1600.

CLERKX E J M, VRIES D E, RUYS G J, 2004. Genetic differences in seed longevity of various Arabidopsis mutants [J]. Physiologia Plantarum, 121 (3): 448-461.

CONTRERAS S, BARROS M, 2005. Vigor tests on lettuce seeds and their correlation with emergence [J]. Cienciae Investigación Agraria, 32 (1): 3-10.

CORDWELL S J, BASSEAL D J, BJELLQVIST B, et al., 1997. Characterization of basic proteins from Spiroplasma melliferum using novel immobilized pH gradients [J]. Electrophoresis, 18 (8): 1393-1398.

CRUZ-GARCIA F, GONZALEZ V, MOLINA-MORENO J, et al., 1995. Seed

Deterioration and respiration as related to DNA metabolism in germinating maize [J]. Seed Science and Technology, 23 (2): 477-486.

DAS G, SEN-MANDI S, 1992. Scutellar amylase activity in naturally aged and accelerated aged wheat seeds [J]. Annals of Botany, 69 (6): 497-501.

DELL'AQUILA A, CORONA M G, DI T M, 1998. Heat-shock proteins in monitoring aging and heat-induced tolerance in germinating wheat and barley embryos [J]. Seed Science Research, 8 (2): 91-98.

DELL'AQUILA A, 1994. Wheat seed ageing and embryo protein degradation [J]. Seed Science Research, 4 (3): 293-293.

DOLATABADION A, MODARRESSANAVY S A M, 2008. Effect of the ascorbic acid, pyridoxine and hydrogen peroxide treatments on germination, catalase activity, protein and malondialdehyde content of three oil seeds [J]. Notulae Botanicae Horti Agrobotanici Cluj-Napoca, 36 (2): 61-66.

DRAGANIĆ I, LEKIĆ S, 2012. Seed priming with antioxidants improves sunflower seed germination and seedling growth under unfavorable germination conditions [J]. Turkisk Journal of Agriculture and Forestry, 36 (4): 421-428.

EL-MAAROUF-BOUTEAU H, MAZUY C, BAILLY C, et al., 2011. DNA alteration and programmed cell death during ageing of sunflower seed [J]. Journal of Experimental Botany, 62 (14): 5003-5011.

ELSTNER E H, HEUPLE A, 1976. Inhibition of nitrite formation from hydroxylammonium chloride: a simple assay for superoxide dismutase [J]. Analytical Biochemistry, 70 (2): 616-620.

ENGQVIST M, NCOVICH M F, FLUGGE U I, et al., 2009. Two D-2-hydroxy-acid dehydrogenases in Arabidopsis thaliana with catalytic capacities to participate in the last reactions of the methylglyoxal and β-oxidation pathways [J]. Journal of Biological Chemistry, 284 (37): 25026-25037.

FITZGERALD T L, WATERS D L E, HENRY R J, 2009. Betaine aldehyde dehydrogenase in plants [J]. Plant Biology, 11 (2): 119-130.

GALLARDO K, JOB C, GROOT S P C, et al., 2001. Proteomic analysis of Arabidopsis seed germination and priming [J]. Plant Physiology, 126 (2): 835-848.

GOEL A, SHEORAN I S, 2003. Changes in oxidative stress enzymes during artificial ageing in cotton (*Gossypium hirsutum* L.) seeds [J]. Journal of plant physiology, 160 (9): 1093-1100.

HAFERKAMP I, 2007. The diverse members of the mitochondrial carrier family in plants [J]. FEBS Letters, 581 (12): 2375-2379.

Halmer P, Bewley J B, 1984. A physiological perspective on seed vigour testing [J]. Seed Science and Technology (Netherlands), 12 (2): 561-576.

HARMAN G E, MATTICK L R, 1976. Association of lipid oxidation with seed ageing and death [J]. Nature, 260 (5549): 323-324.

HEINI R L, OKSMAN-CALDENTEY K M, LEHTINEN P, et al., 2001. Effect of drying treatment conditions on sensory profile of germinated oat [J]. Cereal Chemistry, 78 (6): 707-714.

HOEFNAGEL M H N, MILLAR A H, WISKICH J T, et al., 1995. Cytochrome and alternative respiratory pathways compete for electrons in the presence of pyruvate in soybean mitochondria [J]. Archives of Biochemistry and Biophysics, 318 (2): 394-400.

HU D, MA G, WANG Q, et al., 2012. Spatial and temporal nature of reactive oxygen species production and programmed cell death in elm (*Ulmus pumila* L.) seeds during controlled deterioration [J] Plant Cell Environment, 35 (11): 2045-2059.

IRINA J, LUMINITA C, DACIAN L, et al., 2012. Aspects regarding the production and quality of some annual forage mixtures [J]. Journal of Biotechnology, 161 (S): 19-20.

JENG T L, SUNG J M, 1994. Hydration effect on lipid peroxidation and peroxide-scavenging enzymes activity of artificially age peanut seed [J]. Seed Science and Technology, 22 (3): 531-539.

JOB C, RAJJOU L, LOVIGNY Y, et al., 2005. Patterns of protein oxidation in Arabidopsis seeds and during germination [J]. Plant Physiology, 138 (2): 790-802.

JURI R, MATTHIAS M, 2002. Wha dos it mean to identify a proein in proteomics [J]. Trends in Biochemistry Sciences, 27 (2): 74.

Kalisman N, Schröder G F, Levitt M, 2013. The crystal structures of the eukaryotic chaperonin CCT reveal its functional partitioning [J]. Structure, 21 (4): 540-549.

KALPANA R, MADHAVA K V, 1997. Protein metabolism of seeds of pigeonpea (*Cajanus cajan* (L.) Millsp.) cultivars during accelerated ageing [J]. Seed Science and Technology, 25 (2): 271-279.

KAMINAKA H, MORITA S, TOKUMOTO M, et al., 1999. Differential gene expressions of rice superoxide dismutase isoforms to oxidative and environmental stresses [J]. Free Radical Research, 31 (S): 219-225.

KIBINZA S, VINEL D, COME D, et al., 2006. Sunflower seed deterioration as related to moisture content during ageing, energy metabolism and active oxygen species scavenging [J]. Physiologia Plantarum, 128 (3): 496-506.

KIM S T, WANG Y, KANG S Y, et al., 2009. Developing rice embryo proteomics reveals essential role for embryonic proteins in regulation of seed germination [J]. Journal of Proteome Research, 8 (7): 3598-3605.

KIYOSUE T, YOSHIBA Y, YAMAGUCHI-SHINOZAKI K, et al., 1996. A nuclear gene encoding mitochondrial proline dehydrogenase, an enzyme involved in proline metabolism, is upregulated by proline but downregulated by dehydration in Arabidopsis [J]. The Plant Cell, 8 (8): 1323-1335.

KONG L Q, XIA F S, YU X D, et al., 2014. Physiological changes in oat seeds aged at different moisture contents [J]. Seed Science and Technology, 42

(2): 190-201.

KOOMEN J, 2005. Developing an understnading of proteomics: An introduction to biological mass spectrometry [J]. Cancer Investigation, 23 (1): 47-59.

KOOSTRA P T, HARRINGTON J F, 1969. Biochemical effects of age on membrane lipids of *Cucumis sativus* L. seed [J]. Proceedings of International Seed Testing Association, 34: 329-340.

KRUSE M, 1999. Application of the normal distribution for testing the potential of the controlled deterioration test [J]. Crop science, 39 (4): 1125-1129.

KUMARI P, SHEORAN I S, TOMAR R P S, 2004. Onion seed longevity as affectedby ascorbic acid treatments during ambient storage [J]. Haryana Journal of Horticultural Sciences, 33 (3/4): 257-260.

LAFOND G P, BAKER R J, 1986. Effects of genotype and seed size on speed of emergence and seedling vigor in nine spring wheat cultivars [J]. Crop Science, 26 (2): 341-346.

LARSON R A, 1997. Naturally occurring antioxidants [M]. Florida: CRC Press, 95-99.

LEHNER A, MAMADOU N, POELS P, et al., 2008. Changes in soluble carbohydrates, lipid peroxidation and antioxidant enzyme activities in the embryo during ageing in wheat grains [J]. Journal of Cereal Science, 47 (3): 555-565.

LENINGER A L, NELSON D L, COX M M, 1993. Principles of biochemistry. Water: Its Effect on Dissolved Biomolecules [M]. New York: Worth Publishers, 87.

LIANG Y, HU F, YANG M, et al., 2003. Antioxidative defenses and water deficit-induced oxidative damage in rice (*Oryza sativa* L.) growing on non-flooded paddy soils with ground mulching [J]. Plant and Soil, 257 (2): 407-416.

MAO P S, WANG X G, WANG Y H, et al., 2009. Effect of storage temperature and duration on the vigour of Zoysiagrass (*Zoysia japonica* Steud.)

seed harvested at different maturity stages [J]. Grassland Science, 55 (1): 1-5.

MCDONALD M B, 1999. Seed deterioration: physiology, repair and assessment. Seed Science and Technology, 27 (1): 177-237.

MEYER A J, 2007. The integration of glutathione homeostasis and redox signaling [J]. Journal of Plant Physiology, 165 (13): 1-14.

MITTLER R, VANDERAUWERA S, GOLLERY M, 2004. Reactive oxygen gene network of plants [J]. Trends in Plant Science, 9 (10): 490-498.

MIURA K, LIN S, YANO M, et al., 2002. Mapping quantitative trait loci controlling seed longevity in rice (*Oryza sativa* L.) [J]. Theoretical and Applied Genetics, 104 (6-7): 981-986.

MOLLER I M, JENSEN P E, HANSSON A, 2007. Oxidative modifications to cellular components in plants [J]. Annual Review of Plant Biology, 58: 459-481.

MURAKAMI M, MATSUSHIKA A, ASHIKARI M, et al., 2005. Circadian-associated rice pseudo response regulators (OsPRRs): insight into the control of flowering time [J]. Bioscience, Biotechnology, and Biochemisty, 69 (2): 410-414.

NAVROT N, ROUHIER N, GELHAYE E, et al., 2007. Reactive oxygen species generation and antioxidant systems in plant [J]. Physiologia Plantarum, 129 (1): 185-195.

NITHIYANANTHAM S, SIDDHURAJU P, FRANCIS G. 2013. A promising approach to enhance the total phenolic content and antioxidant activity of raw and processed *Jatropha curcas* L. kernel meal extracts [J]. Industrial Crops and Products, 43: 261-269.

PARK E J, JEKNIC Z, CHEN T H H, 2006. Exogenous application of glycinebetaine increases chilling tolerance in tomato plants [J]. Plant and Cell Physiology, 47 (6): 706-714.

PARKHEY S, NAITHANI S C, KESHAVKANT S, 2012. ROS production and lipid catabolism in desiccating *Shorea robusta* seeds during aging [J]. Plant Physiology Biochemistry, 57: 261-267.

PARMOON G, EBADI A, JAHANBAKHSH S, et al., 2013. The effect of seed priming and accelerated aging on germination and physiochemical changes in milk thistle (*Silybum marianum*) [J]. Notulae Scientia Biologicae, 5 (2): 204-211.

PASQUINI S, MIZZAU M, PETRUSSA E, et al., 2012. Seed storage in polyethylene bags of a recalcitrant species (*Quercus ilex*): analysis of some bio-energetic and oxidative parameters [J]. Acta Physiology Plant, 34 (5): 1963-1974.

PATTERSON S D, AEBERSOLD R H, 2003. Proteomics: the first decade and beyond [J]. Nature Genetics, 33 (S): 311-322.

PEREZ M A, ARGÜELLO J A, 1995. Deterioration in peanut (*Arachis hypogaea* L. cv. Florman) seeds under natural and accelerated aging [J]. Seed Science and Technology, 23 (2): 439-445.

PERRY D A, 1981, Report of the vigour test committee 1977-1980 [J]. Seed Science and Technology, 9 (1): 115-126.

PESKE S T, AMARAL A S, 1994. pH of seed exudate as a rapid physiological quality test [J]. Seed Science and Technology, 22 (3): 641-644.

PIGNOCCHI C, FLETCHER J M, WILKINSON J E, et al., 2003. The function of ascorbate oxidase in tobacco [J]. Plant Physiology, 132 (3): 1631-1641.

PRICE P B, PARSONS J G, 1975. Lipids of seven cereal grains [J]. Journal of the American Oil Chemists' Society, 52 (12): 490-493.

PRIESTLEY D A , LEOPOLD A C, 1983. Lipid changes during natural aging of soybean seeds [J]. Physiologia Plantarum, 59 (3): 467-470.

PRIESTLEY D A, 1986. Seed aging [M]. NY: Comstock Public Association, 34-36.

PRIETO-DAPENA P, CASTANO R, ALMOGUERA C, et al., 2006. Improved resistance to controlled deterioration in transgenic seeds [J]. Plant Physiology, 142 (3): 1102-1112.

PUKACKA S, RATAJCZAK E, 2005. Production and scavenging of reactive oxygen species in Fagus sylvatica seeds during storage at varied temperature and humidity [J]. Journal of Plant Physiology, 162 (8): 873-885.

RAJJOU L, GALLARDO K, DEBEAUJON I, et al., 2004. The effect of α-amanitin on the Arabidopsis seed proteome highlights the distinct roles of stored and neosynthesized mRNAs during germination [J]. Plant Physiology, 134 (4): 1598-1613.

RAJJOU L, LOVIGNY Y, GROOT S P, et al., 2008. Proteome-wide characterization of seed aging in Arabidopsis: a comparison between artificial and natural aging protocols [J]. Plant Physiology, 148 (1): 620-641.

ROBERTS E H, 1972. Dormancy: a factor affecting seed survival in the soil, in Viability of seeds [M]. Germany: Springer, 321-359.

Rodo A B, Marcos F J, 2003. Accelerated aging and controlled deterioration for the determination of the physiological potential of onion seeds [J]. Scientia Agricola, 60 (3): 465-469.

SADHU M K, PAL S K, BISWAS R, 2011. Wet treatment effect on brinjal seed and deterioration under different conditions [J]. Indian Biologist, 43 (1/2): 81-93.

SANJEEV Y, BHATIA V S, GURUPRASAD K N, 2006. Oxyradical accumulation and their detoxification by ascorbic acid and alpha-tocopherol in soybean seeds during field weathering [J]. Indian Journal of Plant Physiology, 11 (1): 28-35.

SARVAJEET S G, NARENDRA T, 2010. Reactive oxygen species and antioxidant machinery in abiotic stress tolerance in crop plants [J]. Plant Physiology and Biochemistry, 48 (12): 909-930.

SATHIYAMOORTHY P, NAKAMURA S, 1995. Free-radical-induced lipid peroxidation in seeds [J]. Israel Journal of Plant Sciences, 43 (4): 295-302.

SCHMID M B, 2002. The potential of high-throughput structure determination [J]. Trends Microbiol, 10 (10): 527-531.

SHEWRY P R, CASEY R, 1999. Seed proteins [M]. Germany: Springer, 5-10.

SHIN J H, KIM S R, AN G, 2009. Rice aldehyde dehydrogenase7 is needed for seed maturation and viability [J]. Plant Physiology, 149 (2): 905-915.

SONG J M, PICOLOGLOU S, GRANT C M, et al., 1989. Elongation factor EF-1 alpha gene dosage alters translational fidelity in Saccharomyces cerevisiae [J]. Molecular and Cellular Biology, 9 (10): 4571-4575.

SPECHT C E, KELLER E R, FREYTAG U, et al., 1997. Survey of seed germinability after long-term storage in the Gatersleben genebank [J]. Bulletin des Ressources Phytogenetiques (111): 64-68.

SQUIER T C, 2001. Oxidative stress and protein aggregation during biological aging [J]. Experimental Gerontology, 36 (9): 1539-1550.

STADTMAN E R, 2004. Role of oxidant species in aging [J]. Current Medicinal Chemistry, 11 (9): 1105-1112.

STITI N, MISSIHOUN T D, KOTCHONI S O, et al., 2011. Aldehyde dehydrogenases in Arabidopsis thaliana: biochemical requirements, metabolic pathways, and functional analysis [J]. Frontiers in Plant Science, 2: 65.

SUNG J M, JENG T L, 1994. Lipid peroxidation and peroxide-scavenging enzymes associated with accelerated aging of peanut seed [J]. Physiologia Plantarum, 91 (1): 51-55.

TESNIER K, STROOKMAN-DONKERS H M, PIJLEN J G, et al., 2002. A controlled deterioration test for Arabidopsis thaliana reveals genetic variation in seed quality [J]. Seed Science and Technology, 30 (1): 149-165.

TILEBENI H G, SADEGHI M, 2011. Effect of priming on biochemical regeneration of chamomile (*Matricaria recutita*, *Chamaemelum nobile*) deteriorative seeds [J]. American-Eurasian Journal of Agricultural & Environmental Sciences, 10 (6): 954-961.

TOMMASI F, PACIOLLA C, GARA L D, et al., 2006. Effects of storage temperature on viability, germination and antioxidant metabolism in *Ginkgo biloba* L. seeds [J]. Plant Physiology and Biochemistry, 44 (5-6): 359-368.

VASEVA I, AKISCAN Y, SIMOVA-STOILOVA L, et al., 2012. Antioxidant response to drought in red and white clover [J]. Acta Physiolo Plant, 34 (5): 1689-1699.

VERTUCCI C W, ROOS E E, CRANE J, 1994. Theoretical basis of protocols for seed storage III. Optimum moisture contents for pea seeds stored at different temperatures [J]. Annals of Botany, 74 (5): 531-540.

VERTUCCI C W, ROOS E E, 1993. Theoretical basis of protocols for seed storage II. The influence of temperature on optimal moisture levels [J]. Seed Science Research, 3 (3): 201-201.

VICTOR V M, ROCHA M, SOLA E, et al., 2009. Oxidative stress, endothelial dysfunction and atherosclerosis [J]. Current Pharmaceutical Design, 15 (26): 2988-3002.

WALTERS C, WHEELER L M, GROTENHUIS J M, 2005. Longevity of seeds stored in a genebank: species characteristics [J]. Seed Science Research, 15 (1): 1-20.

WALTERS C, WHEELER L, STANWOOD P C, 2004. Longevity of cryogenically stored seeds [J]. Cryobiology, 48 (3): 229-244.

WANG W Q, MØLLER I M, SONG S Q, 2012. Proteomic analysis of embryonic axis of (*Pisum sativum*) seeds during germination and identification of proteins associated with loss of desiccation tolerance [J]. Journal of Proteomics, 77:

68-86.

WELCH R W, 2011. Nutrient composition and nutritional quality of oats and comparisons with other cereals [M]. In: Webster FH & Wood PJ. (Eds.), Oats, chemistry and technology. St. Paul, MI: AACC International Inc. 95-107.

XIN X, LIN X I, ZHOU Y C, et al., 2011. Proteome analysis of maize seeds: the effect of artificial ageing [J]. Physiologia Plantarum, 143 (2): 126-138.

XU X Z, GUO R R, CHENG C X, et al., 2013. Overexpression of ALDH2B8, an aldehyde dehydrogenase gene from grapevine, sustains Arabidopsis growth upon salt stress and protects plants against oxidative stress [J]. Plant Cell Tissue and Organ Culture, 114 (2): 187-196.

YANG P, LI X, WANG X, et al., 2007. Proteomic analysis of rice (*Oryza sativa*) seeds during germination [J]. Proteomics, 7 (18): 3358-3368.

YAO Z, LIU L W, GAO F, et al., 2012. Developmental and seed aging mediated regulation of antioxidative genes and differential expression of proteins during pre- and post-germinative phases in pea [J]. Journal of Plant Physiology, 169 (15): 1477-1488.

YE N H, ZHANG J H, 2012. Antagonism between abscisic acid andgibberellins is partially mediated by ascorbic acidduring seed germination in rice [J]. Plant Signaling and Behavior, 7 (5): 563-565.

YE N H, ZHU G H, LIU Y G, et al., 2012. Ascorbic acid and reactive oxygen species are involved in the, inhibition of seed germination by abscisic acid in rice seeds [J]. Journal of Experimental Botany, 63 (5): 1809-1822.

YOSHIBA Y, KIYOSUE T, KATAGIRI T, et al., 1995. Correlation between the induction of a gene for Δ1-pyrroline-5-carboxylate synthetase and the accumulation of proline in Arabidopsis thaliana under osmotic stress [J]. The Plant Journal, 7 (5): 751-760.

YOSHIBA Y, KIYOSUE T, NAKASHIMA K, et al., 1997. Regulation of levels of proline as an osmolyte in plants under water stress [J]. Plant and Cell Physiology, 38 (10): 1095-1102.

YOSHIMURA K, YABUTA Y, ISHIKAWA T, et al., 2000. Expression of spinach ascorbate peroxidase isoenzymes in response to oxidative stresses [J]. Plant Physiology, 123 (1): 223-234.

ZHAO G W, CAO D D, CHEN H Y, et al., 2013. A study on the rapid assessment of conventional rice seed vigour based on oxygen - sensing technology [J]. Seed Science and Technology, 41 (2): 257-269.

ZHAO G W, ZHONG T L, 2012. Improving the assessment method of seed vigor in cunninghamia lanceolata and pinus massoniana based on oxygen sensing technology [J]. Journal of Forestry Research, 23 (1): 95-101.

ZOU W, AN J Y, JIANG L J, 1996. Damage to pBR322 DNA photosensitized by hypocrellin A in liposomes and its derivative in solution [J]. Journal of Photochemistry and Photobiology B: Biology, 33 (1): 73-78.

YOSHIBA Y, [illegible] SHIMA K, [illegible] Regulation [illegible] of proline [illegible] under water [illegible] Plant and Cell Physiology, [illegible]

YOSHIMURA K, YABUTA [illegible] expression of spinach ascorbate peroxidase [illegible] in response to [illegible] Plant Physiology, 123([illegible]

ZHANG W, CAO [illegible] 20[illegible] study on the rapid assessment of [illegible] based on [illegible] Science [illegible] 41 (2): [illegible]

ZHANG W, ZHENG [illegible] Improving [illegible] method of [illegible] Journal of [illegible] 20[illegible]

ZHU [illegible] N T Y, [illegible] 1996. [illegible] [illegible] Journal of Plant [illegible] 78 [illegible]